## 改訂新版

# インフラエンジニアの
# 教科書

*The textbook of the infrastructure engineer*

*Yutaka Sano*
佐野 裕

C&R研究所

## ■権利について

● 本書に記述されている社名・製品名などは、一般に各社の商標または登録商標です。

● 本書では™、©、®は割愛しています。

## ■本書の内容について

● 本書は著者・編集者が実際に操作した結果を慎重に検討し、著述・編集しています。ただし、本書の記述内容に関わる運用結果にまつわるあらゆる損害・障害につきましては、責任を負いませんのであらかじめご了承ください。

● 本書は2023年10月現在の情報で記述しています。

● 本書の内容についてのお問い合わせについて

　この度はC&R研究所の書籍をお買いあげいただきましてありがとうございます。本書の内容に関するお問い合わせは、「書名」「該当するページ番号」「返信先」を必ず明記の上、C&R研究所のホームページ(https://www.c-r.com/)の右上の「お問い合わせ」をクリックし、専用フォームからお送りいただくか、FAXまたは郵送で次の宛先までお送りください。お電話でのお問い合わせや本書の内容とは直接的に関係のない事柄に関するご質問にはお答えできませんので、あらかじめご了承ください。

〒950-3122 新潟県新潟市北区西名目所4083-6　株式会社 C&R研究所　編集部
FAX 025-258-2801
『改訂新版 インフラエンジニアの教科書』サポート係

# はじめに

　インフラエンジニアの役割は、高度情報化社会のITインフラを支えることです。現代社会はもはやITインフラなしには成り立たないと言っても過言ではないにもかかわらず、普段、インフラエンジニアの手によってITインフラがどのように構築・運用されているのかは、外部からはなかなか見えないように思います。

　そこで本書ではインフラエンジニアの仕事内容を現役インフラエンジニアの視点でまとめました。単なる用語解説に留まらず、日常業務の中で感じていることやちょっとしたノウハウをところどころにちりばめてあります。本書に一通り目を通すことでITインフラの世界を一通り理解していただけるのではないかと思います。

　本書は著者の部署に配属された新入社員にぜひ知っておいてほしいと思う観点で盛り込む内容を選定しました。古くからある枯れた技術から最新技術までバランス良く盛り込んでありますので、新人教育などにも使っていただけるのではないかと思います。

　また、本書では「インフラエンジニアの最も重要な役目は、矢継ぎ早に発生する意思決定の場面において、都度、たくさんの選択肢の中から素早く最適解を選びだすこと」だということを一貫して主張しています。本書では各章にてさまざまな選択肢を明示し、その中から最適解の選び方について著者の意見を記すようにしています。これはインフラエンジニアの世界に興味のある方だけでなく、現役インフラエンジニアの方にも参考にしていただけるのではないかと思います。

## 📦 対象の読者層

本書では次のような読者層を想定しています。

- ITインフラの世界に興味がある方
- 新たにインフラエンジニアの世界に飛び込む方
- 現役インフラエンジニアの方
- Webディレクターの方
- 企業や地方自治体などの情報システム担当の方

著者は大企業のITインフラ運営の現場でシステム運営見習いを経て、2000年よりLINE社（ハンゲームジャパン株式会社から社名変更）に創業メンバーとして参画してから、主にインフラエンジニアとして関わり続けました。創業当時わずかサーバー 3台で始まったITインフラが、いつの間にか数千台〜数万台規模に成長しました。

インフラ運営はインフラ規模によって悩むポイントが変化します。著者にとってもそれは例外ではなく、やはり過去の各フェーズで悩みながら対応してきました。その時々で悩んできたことを本書では一通り盛り込みました。これは現役インフラエンジニアの方にはもちろんのこと、ITインフラがどのように構築・運営されているか興味がある人にも充分、役に立つ内容と思います。

ぜひ本書を通じてITインフラの世界に思いをはせてみてください。

# 改訂にあたって

「インフラエンジニアの教科書」シリーズは、おかげさまで毎年、学校での教材や新人社員への教育などによく利用いただいています。

クラウド全盛な時代において、オンプレミスのインフラ環境を一通り網羅した本の入手が難しくなっている中、ITインフラの世界観や構成要素について一通り触れているということがいまだに多くの方々に支持いただいている理由ではないかと思っております。

この度、初版が発売された2013年から10周年を迎えることを契機として、2023年に改訂版を出させていただく運びとなりました。ITインフラの世界は他のIT技術の分野と比べて比較的変化が少ない分野といえますが、それでも初版から10年も経つと新技術の登場や既存技術の進化が見られます。それらを今回、一通り見直しました。また、いくつかの項目では時代変化に合わせて加筆・修正しております。

なお、本書は各章が独立しているため、どこから読んでも構いません。また、一度読んで終わりというよりは、たまに必要に応じて取り出して読んだり調べたりする本として活用いただければと思います。

本書を通して皆様の業務や技術的関心向上のお役に立てましたら幸いです。

2023年10月

佐野 裕

# 目次 contents

## ● CHAPTER-03

# OS

## ● CHAPTER-04

# ネットワーク

## ☗CHAPTER-05

# ストレージ

## ● CHAPTER-06

# サーバー仮想化

## ● CHAPTER-07

# クラウド

## CHAPTER-08

# 購買と商談

# CHAPTER-09

# データセンター

# CHAPTER-10

# ソリューションとセキュリティ

## ● CHAPTER-11

# インフラ運用

## ● CHAPTER-12

# 大規模インフラ

## ◆ CHAPTER-13

# インフラエンジニアの成長

# CHAPTER
# 01
# インフラエンジニアの
# 仕事

## ▶▶▶ 本章の概要

　日常生活の中で、スーパーマーケットのPOSシステムや電車の切符売場のシステムが停止したら混乱が生じます。インターネットの世界であれば検索サイトや通販サイトやSNSなどが停止したら非常に不便です。このように、ITインフラは生活に密着しているため、それらが使えなくなるとものすごく不便になります。インフラエンジニアはこういった社会のITインフラを管理する仕事です。

　ITインフラはハードウェアとソフトウェアで構成されています。ハードウェアはいつか必ず壊れますし、ソフトウェアはバグが含まれている可能性があります。インフラエンジニアはそういった不完全な要素を組み合わせてITインフラを構築し、ITサービスを常に提供し続けられるよう運用しています。

　インフラエンジニアに求められるものは何かという問いに対してよくいわれるのは技術力と責任感ですが、著者はそれに加えて情報収集力と決断力を加えたいと思います。ITインフラを構築・運用する過程において日々、多くの意思決定が必要になります。これをいかに的確に素早く行えるかが安定的なITインフラを維持する上で、とても重要になります。

# インフラエンジニアの仕事

インフラエンジニアの仕事は、おおよそ「インフラ設計」、「インフラ構築」および「インフラ運用」の3つのフェーズに分類できます。

## ◈ インフラ設計

インフラを作る際は必ずインフラを作る目的があるので、まずはそれをよく理解する必要があります。その上で目的を達成するために必要な機能や性能などを要件としてまとめます。

要件が決まったら、その要件に合う適切な計画書や設計書などを作成する必要があります。どのようなインフラを、どのくらいの費用で、どのくらいの期間で作れるのかを算定する作業となります。この作業はインフラエンジニアが自ら行うこともあれば、ベンダーやコンサルタントに依頼して提案してもらう場合もあります。

## ◈ インフラ構築

必要な機器やソフトウェアなどを発注して納品されたら、設定を行いながらITシステムとして構築します。インフラ構築作業をインフラエンジニアが自ら行う場合もありますし、ベンダーや社内の別の部署に委ねる場合もあります。

インフラ構築作業を細かく分類すると、機器の運搬、機器の組み立て、機器の取り付け、機器のインストールや設定、動作テスト、そして負荷テストといったものがあります。

大手企業を顧客に持つSI（システムインテグレーション）業界では、機器の搬入から取り付けといったハードウェア関連の作業はCE（カスタマーエンジニア）が、サーバーやストレージの設定はSE（システムエンジニア）が、もしくはネットワーク機器の設定はNE（ネットワークエンジニア）が行うことが多いです。それに対してWeb業界ではSI業界のような役割分担を行わず、インフラエンジニアが一通り手がける場合が多いようです。

## 🗄 インフラ運用

　構築したITインフラは、稼働後にも正常にITインフラが稼働し続けられるように運用を行っていく必要があります。インフラは24時間365日稼働し続けていることから、自社でインフラ運用を行っている会社ではいくつかのチームを作って24時間365日交代制のシフトを作ることが一般的です。もし自社でこういった体制を作れない場合はMSP（Managed Service Provider）と呼ばれるITインフラの運用管理業者に一連の業務をアウトソースすることも可能です。

　インフラ運用としては主に障害対応、キャパシティ管理、および、インフラ起因でない原因の切り分けに区分できます。

### ◆ 障害対応

　障害対応には、ハードウェアの故障の対応や急激なアクセス増への対策といったものから、不適切な権限設定によるアクセスできない状況の解消などといったものがあります。

### ◆ キャパシティ管理

　一度、構築したインフラは時間が経つにつれてアクセス数やデータ量などが増減するので、適時、インフラとしてのキャパシティを見直します。具体的には、インフラ全体のキャパシティが不足であればインフラの増強を、逆にオーバースペックであればインフラの縮小を行うことでインフラ規模を適正化します。

### ◆ インフラ起因でない原因の切り分け

　システムに障害が発生した場合、コールセンターや他部署などからインフラエンジニアに対して障害原因の問い合わせが来ることがあります。その場合、インフラ起因の原因もあれば、プログラムのバグやアプリケーション設定の間違いなどのインフラ起因でない場合もあります。障害原因がインフラ起因であるかどうかを切り分け、インフラ起因であれば自ら対応し、インフラ起因でなければ対応可能な部署に対応を要請します。

# ITインフラを構成する要素

　ITインフラは、さまざまな要素から構成されています。インフラ規模によって、各々の要素について専任の技術者を付ける場合もあれば、すべてを兼任する場合もあります。

### ● ファシリティ

　ファシリティは、建物、施設、設備といったことを意味します。ファシリティには、データセンターや、データセンターを構成するラック・空調・発電機・変電機・消火設備などが含まれます。

### ● サーバー・ストレージ

　ITサービスを提供するサーバーや、大量のデータを保存するストレージを指します。

### ● ネットワーク

　サーバーやストレージをつなぎ、インターネットに接続するネットワークを指します。

◉さまざまな機器が搭載されたラックの例（By Quinn Dombrowski）

https://www.flickr.com/photos/quinnanya/
7496304608/

01

# 技術者としての
# インフラエンジニアの側面

　インフラエンジニアは優れた技術者であることが求められます。優れた技術者とは、求められている課題について技術的な観点から適切な回答を提案し、実践ができ、何か問題が発生したときに短期間で本質的な解決ができる技術者のことを指します。

　また、インフラエンジニアは正確な知識や情報収集力を持ち、かつ最新トレンドにも精通している必要があります。

### 🔹 サーバーハードウェア

　サーバーハードウェアは、主にIAサーバーとエンタープライズサーバーという2種類が存在します。いずれのサーバーにおいても、メインボード、CPU、メモリ、ディスク、NIC、PSU(パワーサプライユニット)といった主要パーツが組み合わされて構成されています。

　サーバーで用いられる主要パーツは年々、多様化しているため、各々の違いや特性を正確に理解することは骨が折れることでしょう。主要パーツについてはCHAPTER 02でまとめてありますので、詳細はそちらをご覧ください。

### 🔹 サーバーOS

　サーバーOSの世界は、ほぼ、Linux、Windows、UNIXという3種類に集約されています。各OSの概念や機能に精通するのは時間さえかけて勉強すれば難しいことではありません。

　しかし、座学と実践の世界は異なるため、職場環境で使う機会がないOSの場合は経験を積むという意味で不利なことは否めません。一般的な操作であれば座学でマスターできますが、障害対応については経験量がものをいいます。実戦経験のない技術者が障害対応するということは、いわば研修医がいきなり手術を行うようなものです。いかに実戦経験を積めるかが技術者の成長として大切です。

## 🔲 ストレージ

ディスクの大容量化、フラッシュディスクの台頭に伴う高速化、データ量の爆発的な増大などの背景から、ストレージ仮想化、シンプロビジョニング、デデュープ、スナップショットなどの技術が続々と登場しています。各々の技術のメリット・デメリットを慎重に見極め、かつ費用対効果の面から適切なストレージを選定できるようにする必要があります。

## 🔲 ネットワーク設計と構築

今ではネットワークで用いられる通信プロトコルがTCP/IPに集約されているため、さまざまな通信プロトコルが使われていた昔と比べると日常で使われるネットワークの知識を一通り押さえることはやさしくなりました。

ただし、ネットワークの流れは目に見えないため、ネットワークを実際に構築してうまくいかない場合、どこに問題があるのかという原因を見つけ出すのが難しいといえます。よって、ネットワークを構築するときは、設計段階であらゆる角度から検討して問題箇所をつぶしていく必要があります。

特にインターネットの世界では、ネットワークは外部ネットワークとの接続があって初めて成り立ちます。外部ネットワークと接続した際に通信がうまくいかないときは、果たして自分たちの問題なのか、それとも相手側の問題なのかを切り分けなければなりませんが、プロジェクトの正確な理解、自分たちの設計や設定が絶対に正しいという確信、そして相手側の設計や設定がおそらく間違っているという根拠がないと相手側に自信を持って指摘ができません。

## 🔲 ネットワーク機器

ネットワーク機器の主な役割は通信の交換です。ネットワーク機器のカタログを見るとさまざまな情報が明記されていて難しく感じられるかもしれませんが、基本的には接続するサーバーやネットワーク機器の数やコネクターの違いと、どの程度の通信量をどの程度、高速に交換したいのか、そしてルータ/L2スイッチ/L3スイッチ/L4スイッチ/L7スイッチの違いを押さえておけば、ネットワーク機器の選定を大きく間違えることはありません。

ネットワーク機器はベンダーによってコマンド体系が異なるため、複数のベンダーの製品を取り入れる場合はベンダーごとにコマンド体系の勉強が必要になります。また、ベンダー固有の機能を用いる場合、他社ベンダーの機器で扱うことができません。これらのこともあって、導入するネットワーク機器のベンダーを統一することも比較的よく行われます。

# 選定者としての
# インフラエンジニアの側面

　ITインフラを構築するには、さまざまな選定が必要となります。ここでは、そのうち代表的なものを取り上げます。選定の上ではいろいろな選択肢が出ますが、選定というものは概して100%正解という選択肢はなくて、プロジェクトの性質や企業文化、もしくは決裁者の考え方などによって正解が異なることが一般的です。インフラエンジニアとしては、それらのことを加味しつつ、技術者として客観的な理由を積み上げてベストな選択に導いていくことが重要となります。

## 🔲 システム構成

　求められているプロジェクトに対して、どういったシステムをどういった構成でどのくらいの規模か、といったことを検討します。

　たとえば、「メールシステムを構築する」といった一見するとシンプルに見えるプロジェクトでも、図のようにいくらでも構成パターンが想定できます。そして、インフラエンジニアはいくつかの案の中で最適なものを選定することになります。

●最小構成

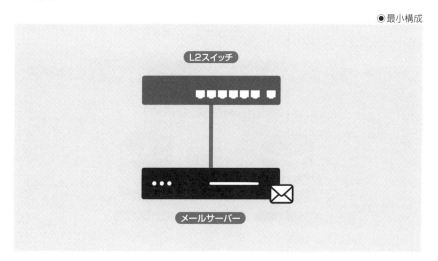

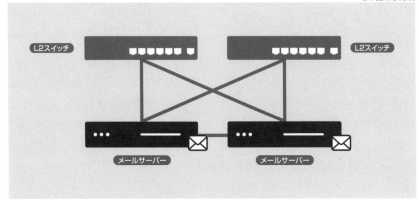

●冗長化構成

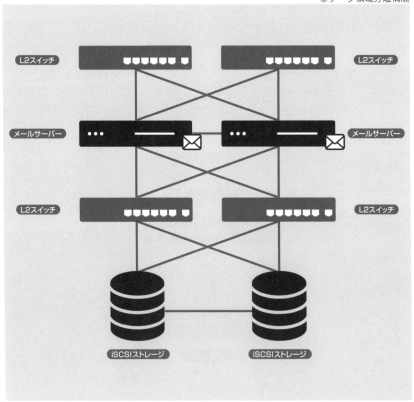

●データ領域分離構成

## ■ サーバースペック選定

購入しようとするサーバーのスペックを選定します。

サーバーにはたくさんの選択肢があります。たとえば、サーバーパーツの選択肢としてはCPU、メモリ、ディスク、RAID、NIC、電源ユニット、冗長化要否、保守の年数、保守レベル、拡張性、物理サイズや重量などがあり、これら1つひとつ決めていくのもインフラエンジニアの重要な役割となります。

## ■ ネットワーク構成

ネットワーク構成を検討する中で、さまざまな決定や選定が必要になります。
- 各ラックに何個のスイッチを設置するのか
- 各スイッチのキャパシティはどのくらいにするか
- 採用するベンダー
- 保守年数
- ネットワークインターフェイスごとの通信量や冗長化の要否

## ■ データベース設計

データベースの種類や要件を検討します。
- RDBMSの選定(Oracle Database/SQL Server/MySQL/PostgreSQLなど)
- 必要容量算出
- データベーススキーマと物理的なデータ配置の決定

## ■ 運用体制

システムをどのように監視・運用していくのかを検討します。

### ◆ 運用体制の例

運用体制の例は、次のようになります。
- 障害発生をシステム監視ツールで検知し、障害発生検知時のみ、社員が対応する。
- 1次対応はMSPベンダーに委ねる。それで解決しなかった場合だけ、電話などで社員にエスカレーションする。
- 別組織を作って24時間365日監視運用体制を構築する。

01

インフラエンジニアの仕事

02
03
04
05
06
07
08
09
10
11
12
13

## ◆社内での責任範囲

サービスや技術、システム別に、社内での責任範囲を決定します。

◉社内での責任範囲例

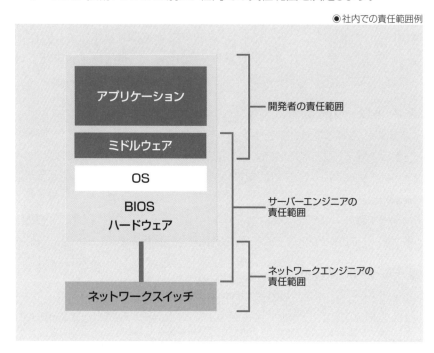

# CHAPTER
# 02
# サーバー

>>> **本章の概要**

　サーバーとは、ユーザーからのリクエストを受けてレスポンスを返すハードウェアのことです。サーバーはITサービスを提供するITインフラの要となります。

　「どのようなサーバーをどの程度、調達すべきか」という悩みはITインフラの構築を検討するあらゆる現場で日常的に見られます。それほど、サーバーの選定は複雑で難しいテーマとなります。サーバーの選定を難しくする大きな理由は選択肢の多さです。一口にサーバーといってもラックマウント型サーバーとタワー型サーバーといった形状の違いもあれば、サーバーに搭載するさまざまなパーツの種類、エントリー/ミドル/ハイエンドサーバーといったランクの違い、もしくはクラウドや仮想サーバーといった物理サーバーでないサーバーの形態もあります。

　本章では適切なサーバーの選定を行えるように、選択肢となる要素を一通り紹介し、各々の要素で選定のヒントを記してあります。

# サーバーの種類

　設置場所や用途が多様なことから各ベンダーからさまざまなモデルのサーバーが発売されています。ここでは、サーバーの種類をいくつかのカテゴリーに分けてご紹介します。

## 🔷 ラックマウント型サーバーとタワー型サーバーの違い

　サーバーにはラックマウント型サーバーとタワー型サーバーがあります。ラックマウント型サーバーはデータセンターや社内サーバールームに設置されているラック内に収容します。それに対してタワー型サーバーは社内サーバールームに置かれる他、オフィスや店舗などにも置かれます。

◉ ラックマウント型サーバーの例
　　（製品名:Dell PowerEdge R250ラックサーバー、写真提供:デル・テクノロジーズ株式会社）

◉ タワー型サーバーの例
　　（製品名:Dell PowerEdge T560タワーサーバー、写真提供:デル・テクノロジーズ株式会社）

ラックマウント型サーバーは19インチラックに収容することを前提としています。19インチラックに搭載する機器は1U、2Uといったユニット単位でサイズが決まっています。1Uは高さが1.75インチ（44.45mm）です。エントリーサーバーの場合は1Uサイズのものが多いですが、ミドルレンジサーバー以上の場合は搭載できるパーツが多いため、2Uサイズ以上のものが多いです。

◉ サーバーラックの例（デル・テクノロジーズのラック、写真提供：デル・テクノロジーズ株式会社）

サーバーは冷却と騒音対策が必要なことから設置場所を選びます。データセンターや社内サーバールームといった空調が整った密閉された専用空間にサーバーを設置するのであれば特に問題となりませんが、オフィスや店舗といった人がいる空間にタワー型サーバーを設置する場合には一般的なサーバーの代わりに静音サーバーなどと呼ばれるオフィス設置を前提として開発されたサーバーを用いることもできます。また、サーバーは数kgから数十kgもの重量があるので、社内にラックを立てて高密度にサーバーを設置する場合は床面の耐荷重に注意する必要があります。

### 🔷 エントリー/ミドル/ハイエンドサーバー

サーバーは、用途によってエントリー/ミドル/ハイエンドサーバーを使い分けます。ただし、これらの区分に厳密な定義はないので、一般的な区分をご紹介します。

#### ◆ エントリーサーバー

数十万円。主にWebサーバーやアプリケーションサーバーで利用されます。通常、ソケット単位で1〜2個のCPUが搭載可能なサーバーのことを指します。

#### ◆ ミドルレンジサーバー

数百万円。主にデータベースサーバーや基幹系サーバーで利用されます。おおむね、ソケット単位で4個以上のCPUが搭載可能で、かつハイエンドサーバーに属さないサーバーのことを指します。

#### ◆ ハイエンドサーバー

数千万円〜数億円。主に基幹系サーバーやデータベースサーバーで利用されます。おおむね、ソケット単位で数十個以上のCPUが搭載可能なサーバーのことを指します。

### 🗄 IAサーバー（x86サーバー）

IAサーバー（もしくはx86サーバーとも呼ばれる）とは、Intel社や、AMD社などのインテル互換CPUを搭載し、かつ通常のパソコンと同様のアーキテクチャーをベースにして製造されたサーバーのことです。IAサーバーの場合、基本的にはどのベンダーを選んでもアーキテクチャーは同じですが、ベンダーや機種によって形状や機能に多少の違いがあるため、IAサーバーを選定する際は次の要素に気を付けるとよいでしょう。

- データセンターのラックにサーバーがきちんとマウントできるか。もし、ラックマウントレールがラックサイズに合わないなどの理由でラックにサーバーがマウントできない場合、ラックに棚板を設置し、機器を棚板の上に直置きすることになる。
- 搭載できるパーツの数（例：ハードディスク搭載数12本、メモリ18枚までなど、ベンダーによって搭載できるパーツ数は異なる）。
- 障害発生時のサポート体制。
- リモートコントロール機能（ベンダーによって呼び名や機能が異なる。35ページのコラム参照）。
- 納期。

●ラックマウントレール

●棚板の例1（写真提供:サンワサプライ株式会社）

●棚板の例2（写真提供:サンワサプライ株式会社）

## 🔹 エンタープライズサーバー

　システムの中核を担う基幹系に使われる機器は、大量のアクセスに耐えられ、かつ滅多に停止しないことが求められます。そのため、IAサーバーと比べてハードウェアの設計思想、各パーツに求められる品質、もしくはベンダーのサポート体制などが高いレベルに置かれています。このような基幹系に使われるようなサーバーのことをエンタープライズサーバーと呼びます。

　エンタープライズサーバーは高価なため、普段は扱う機会がほとんどなく、何をどう選んだらわからない場合がほとんどだと思います。初めて導入することになる機器については購買する判断基準がないので、通常はベンダーに来訪してもらい、営業SEなどから技術説明を受けることになります。

　重要度が高いエンタープライズサーバーでは、ハードウェアアラートが発生するとベンダー側に自動通報され、こちらから特に問い合わせしなくてもベンダー側で自動的に修理対応を手配するようなサービスも提供されています。

●エンタープライズサーバーの例(IBM z16)

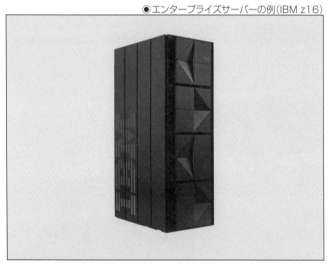

出典:https://developer.ibm.com/blogs/a-tour-inside-the-ibm-z16/

## COLUMN
### サーバーとパソコンの違い

　サーバーはパソコン同様、マザーボード（メインボード）、CPU、メモリ、ディスクなどの部品で構成されています。

　サーバーとパソコンでは用途の違いから設計思想が異なります。サーバーは24時間365日稼働を前提としているため、ハードウェアの故障が発生しにくく、また、故障しても極力システムが止まらないように設計されています。具体的には、パーツ自体の品質が高くてパソコンと比べて壊れにくいこと、主要パーツを冗長化することでパーツの故障が発生してもサービスを止めずにパーツ交換を可能としていること、ハードウェア故障時のベンダーサポートが充実していることなどが挙げられます。また、サーバーはパソコンと比較してはるかに多くのメモリやディスクなどといったハードウェアリソースを搭載できるものが多いです。

　一方、パソコンは個人利用を目的としているためグラフィックスやサウンドといったマルチメディア機能が充実しています。

　サーバーには原則、サーバー用OSをインストールする必要があります。サーバーは高い安定性が求められるので、サーバーベンダーが動作保証しているサーバーOS以外のOSを使うことは推奨されません。

# サーバーの選定

ITサービスのインフラ構築を考える際、無数にある選択肢の中から適切なサーバーを選ぶ作業は一苦労です。サーバー選びのコツとしては、できる限り選択肢を減らした上で、ポイントを絞って吟味することです。

## 🔹 サーバー要件

サーバースペックを決める場合、必要なハードウェアリソースの使用量を決めた上で、CPU、メモリ、ディスク、NIC(Network Interface Card)ポート数などを決定します。また、付加要素としてRAID有無、電源ユニット(PSU、Power Supply Unit)冗長化要否、保守の年数、保守レベル、拡張性、物理サイズや重量なども併せて決定していくことになります。

◉サーバー要件を決める要素の例

| 項目 | 選択肢 |
|---|---|
| CPU | 周波数、ソケット数(CPUの個数)、コア数、キャッシュ容量、仮想化対応など |
| メモリ | 容量、転送速度、枚数など |
| ディスク | 容量、回転数、SSDにするかハードディスクにするかなど |
| RAID | RAID1/5/6/10/50/60など |
| NIC | 2port、4port、8portなど |
| 電源ユニット | 総ワット数、非冗長化、冗長化 |
| 保守年数 | 1年、3年、5年など |
| 保守レベル | 4時間オンサイト、平日翌営業日対応、24時間365日対応など |
| 拡張性 | メモリソケット数、PCIスロット数、ディスク搭載数など |
| 物理サイズ | 1U、2U、4Uなど |
| 重量 | 軽量、超重量など |

## 🔹 サーバースペックの決め方

サーバースペックを厳密に決めようとすると選択肢が非常に多いため、いかに選択肢を絞っていけるかが重要となります。

サーバースペックを決めるには3つの考え方があります。

**1** 実際の環境を試験的に構築し、測定結果から判断する。

**2** 仮決めしたサーバースペック機器を本番投入し、実際のハードウェアリソース利用状況を測定した上でサーバーやサーバーのパーツを増減していく。

**3** 消去法でスペックを絞り込んでいく。

　基幹系と呼ばれるシステムの中核を担うシステムや重要なシステムに場合は、■を選択するのがよいでしょう。ただし、この方法は準備に大変な手間と時間がかかります。

　オンラインゲームのように、実際にリリースしてみないとアクセス量が判明しない（事前に予想できない）ような場合は、■を選択するのがよいでしょう。この場合は機器に余裕があれば、あらかじめ多めの機器を投入し、後で適正規模にスペック調整することになります。保有機器台数に余裕がなくてもベンダーに相談すれば、適正規模が確定するまでは一時的に機器を貸してくれる場合もあります。

　ある程度、サービスの性質が特定されている場合は、■を選択するのがよいでしょう。たとえば、通常、Webサーバーの場合はメモリ以外のハードウェアリソースはあまり消費されないので、メモリだけを多めに搭載し、後は必要最小限のサーバースペックにするといった方法となります。

## 🧊 スケールアウトとスケールアップ

　サーバーのキャパシティを向上させるアプローチとして「スケールアウト」と「スケールアップ」があります。

　スケールアウトとは、性能が足りなくなったらサーバー台数を増やすことでキャパシティを増やす方法です。たとえば、負荷分散が容易なWebサーバーでは低スペックで安価な機器を並べ、性能が足りなくなったらさらに台数を増やすことでキャパシティを向上させます。

　それに対してスケールアップとは、性能が足りなくなったらメモリ増設など、パーツを追加・交換するか、もしくは上位機種に入れ替えることでサーバー性能を増やすことでキャパシティを向上させます。たとえば、負荷分散が難しいデータベースサーバーは1セットだけ用意し、性能が足りなくなったらより高価な機器に入れ替えていくなどの対応を行います。

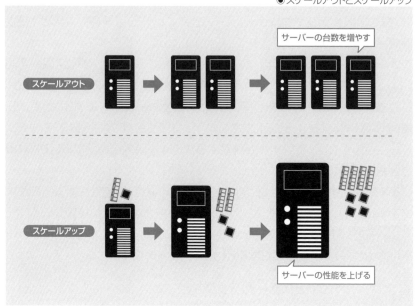

● スケールアウトとスケールアップ

## ベンダーを選ぶ

サーバースペックを決めた後、各サーバーベンダーに相見積もりを取り、価格やサービスを総合的に加味してベンダーを選定することになります。

参考までに、現在、国内で入手可能なサーバーの主要ベンダーは、次の通りです。

| ベンダー | 製品 |
|---|---|
| DELL | PowerEdgeシリーズ |
| Lenovo | ThinkSystemシリーズ |
| NEC | Express5800シリーズ |
| 日本IBM | PowerSystemsシリーズ、zシリーズなど |
| 日本オラクル | SPARCシリーズなど |
| 日本ヒューレット・パッカード（HPE） | ProLiantシリーズ、Superdomeシリーズ、Integrityシリーズなど |
| 日立製作所 | HA8000シリーズ、HP8000シリーズなど |
| 富士通 | PRIMERGYシリーズ、PRIMEQUESTシリーズなど |

●ラックマウントサーバーの中身
　（製品名:Dell PowerEdge R750ラックサーバー、写真提供:デル・テクノロジーズ株式会社）

出典:https://www.dell.com/ja-jp/shop/製品ラインナップ/
　　poweredge-r750-smart-selection-flexi/spd/poweredge-r750/per75020a

## COLUMN
### リモートコントロール機能の名称

　リモートコントロール機能は、ベンダーによって呼び名が異なります。
主要メーカーの呼び名は、次のようになります。

| ベンダー | リモートコントロール機能の名称 |
|---|---|
| デル・テクノロジーズ | integrated Dell Remote Access Controller（iDRAC） |
| HPE | Integrated Lights-Out（iLO） |
| IBM | IMM（Integrated Management Module） |
| NEC | EXPRESSSCOPEエンジン |
| 富士通 | リモートマネージメントコントローラ |

# CPU

　CPU（Central Processing Unit、中央演算ユニット）は、大量の演算を高速で処理する人間でいう頭脳に相当します。CPUのバリエーションは多種多様ですが、それぞれに価格差が相当あるため、どれを選んでよいのかわからないという場面も多いです。ここではCPUの構造を押さえながら、適正なCPUを選ぶためのポイントについて考えていきたいと思います。なお、CPUはプロセッサーとも呼ばれます。

### 🔲 パフォーマンスと発熱・消費電力

　CPUは演算能力が高ければ高いほど、高性能とされます。

　一般的にCPUの演算能力が上がれば上がるほど、発熱が多くなり、かつ消費電力が上がるため、これまでCPUはパフォーマンスを向上させながら、発熱や消費電力をいかに抑えるかといった方向で進化してきました。

　以前は動作周波数を上げることで演算能力の向上が図られてきましたが、動作周波数を上げるとパフォーマンス向上のメリットよりも消費電力量の多さによるデメリットの方が大きくなるため、現在は動作周波数をある程度のレベルに抑え、その代わりに1プロセッサー内に複数のコア（マルチコア）搭載して1つのCPUで同時に処理できる数を増やすという方法で演算能力の向上が図られるようになりました。

### 🔲 CPU用語

　CPU関連の主な用語は、次の通りです。

#### ◆ ソケット数

　「ソケット数」は物理的なCPUの搭載数です。

#### ◆ 動作周波数

　「動作周波数」は1秒間に刻むクロックの数です。動作周波数が高ければ高いほど処理が速くなりますが、電力効率が悪くなり、発熱も増えます。

#### ◆ コア

「コア」は、CPUの主要演算回路のことです。1個のCPUの中に複数のコアが含まれるマルチコアCPUの場合、コアの数だけ同時に演算を行うことができます。

#### ◆ キャッシュメモリ

「キャッシュメモリ」とは、CPUの内部に置かれる高速なメモリのことです。頻繁にアクセスするデータをキャッシュメモリに置いておくことで、CPUの処理性能を上げます。キャッシュメモリは数種類あり、CPUに近い方から、最も高速だが容量の小さい1次キャッシュ（もしくはL1キャッシュ）、2番目に高速だが容量は1次キャッシュより大きい2次キャッシュ（もしくはL2キャッシュ）、というように、速度と容量の違う複数のキャッシュが段階的に置かれます。

#### ◆ 同時マルチスレッディング（SMT）

同時マルチスレッディング（SMT）は、1つの物理コアをOSからは論理的に複数個（多くの場合は2個）のコアに見せることができる機能です。とはいえ、実際のコア数が増えるわけではないのでCPUでの演算はあくまでも1つずつ行われますが、CPU内の各実行ユニットの使用率が上がる効果で10数%〜数十%程度、高速化するといわれています。なお、同時マルチスレッディングはSMT（Simultaneous Multi-Threading）とも呼ばれます。

同時マルチスレッディングのことを、Intel社製品ではハイパースレッティング（HT、Hyper Threading）と呼び、AMD社製品ではSMTと呼びます。

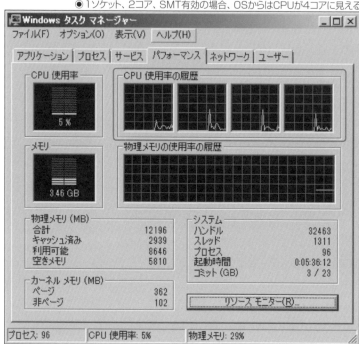

◉1ソケット、2コア、SMT有効の場合、OSからはCPUが4コアに見える

### ◆ ターボブーストテクノロジー

「ターボブーストテクノロジー」は、CPUを自動的に定格の動作周波数より高速で動作させる機能です。まったく仕事をしていないコアがある場合、仕事をしているコアをクロックアップさせる技術です(Intel社のCPUでの用語)。

### ❖ CPU選定のポイント

CPU選定のときによく考慮されることを記します。

### ◆ コア数

コア数が多いCPUを選定すると、コアの数だけ同時に演算を行えるようになります。

たとえば、仮想化環境においては1台の物理サーバー上に複数のゲストOSが起動することになるので、コア数が多いCPUを選定するのがよいでしょう。一方、バッチプログラムなど、シングルプロセスソフトウェアの場合はいくらCPU使用率が高くとも1つのコアしか使われないため、コア数が多いCPUに変えても意味がありません。

01
**02**
サーバー
03
04
05
06
07
08
09
10
11
12
13

## ◆ ソケット数

　コア数を増やす方法としては、コア数の多いCPUを搭載する方法の他、CPUを複数ソケット（物理的なCPU複数個）搭載するという方法があります。たとえば、4コアCPUを2ソケット搭載すると8コアとして用いることができます。

　ただし、8コアCPUを1ソケット搭載する場合と、4コアCPUを2ソケット搭載して8コアとして使う場合とを比較すると、4コアCPUを2ソケット搭載したほうがパフォーマンスが落ちる場合があります。この理由はNUMA（Non-Uniform Memory Access）と呼ばれる共有メモリ型マルチプロセッサーコンピューターシステムに原因があります。

　CPUを複数ソケット搭載する場合、それぞれのCPUソケットがNUMAノードと呼ばれる単位を持ち、ノードごとに物理メモリを搭載します。ノードの存在があっても各CPUからはどのノードに位置するかに関係なくサーバーに搭載されたすべてのメモリにアクセスできますが、CPUは同一ノード内のメモリに対しては高速にアクセスできるのに対して、他のノードにあるメモリに対してはやや低速でアクセスすることになります。

　とはいえ、コア数の多いCPUは一般的に高価なので、普通のCPUを複数ソケット搭載してコア数を増やすのは現実的な選択肢としてよく用いられます。

●NUMA

◆ 演算性能（求める演算性能を満たすかどうか）

　データベースやアプリケーションサーバーなどのCPU使用率が高いソフトウェアではCPUに高い演算性能が求められるため、動作周波数が高くコア数の多い高性能CPUを用いる場合があります。一方、Webサーバーのような、比較的CPU負荷が発生しない用途であれば、CPU性能はそれほど重要にならない場合が多いです。

　高性能CPUは普通のCPUに比べて演算速度が速いだけでなく、同一時間内により多くの演算を行うことができます。すなわち高性能CPUを用いると応答速度が向上するだけでなく、同一時間内に多くの演算を行うことができます。同じ演算量を処理する場合、高性能CPUのほうが普通のCPUよりCPU使用率が低くなります。

　なお、演算性能を表す単位として、「1秒間に処理できる浮動小数点演算の回数」を示すFLOPS（Floating-point Operations Per Second）という単位が使われます。

◆ 価格対比（価格的に妥当か）

　CPUは種類によって相当な価格差があります。通常は価格の安いCPUの中から要件に合うCPUを選定します。しかし、価格が安いことよりも高い処理能力のほうが重要な特別なサーバーの場合は、高価であっても高性能CPUを選定する場合もあります。

◆ 消費電力（消費電力を抑えたいか）

　省電力CPUは、動作周波数を落とすことで省電力を実現したCPUです。概して通常のCPUと比べ、省電力CPUは単価が上がりますが、運用コストを数年単位で見た場合は省電力分のコストダウンになり、総費用が安くなることがあります。

◆ 利用する予定のソフトウェアのライセンス体系

　CPUのコア数やソケット数によってライセンス費用が決まる商用ソフトウェアがあるため、総コストを減らすためにCPUのモデルや個数を調整します。

　CPUのモデルや個数によってライセンス体系が異なるソフトウェアが存在します。特に高価なソフトウェアを使う場合は、ソフトウェアのライセンス体系をよく理解して、できる限り安価なライセンス体系を選択できるようにCPUを選択することが重要となります。

●CPUの例（写真提供:インテル株式会社）

# メモリ

　メモリは主記憶装置もしくは短期記憶領域と呼ばれ、一時的なデータを記憶することができますが、電源が停止するとデータがすべて消えてしまいます。

　メモリで最も重要な要素は搭載容量の大きさですが、サーバー用メモリでは搭載容量に加え、耐障害性、パフォーマンス、および省電力などといったことも重視されます。

　メモリにもさまざまな種類がありますが、今はDDR4 SDRAM（Double-Data-Rate4 Synchronous Dynamic Random Access Memory。以降、DDR4と表記）やDDR5 SDRAMが主流です。本書では現在主流のDDR4に焦点を合わせて記します。

●DDR4メモリ（写真提供:サムスン電子株式会社）

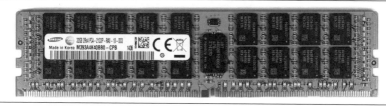

## 🧊 パフォーマンス

　メモリのパフォーマンスを考える場合、メモリのデータ転送速度とデータ転送幅の両面から考慮します。

　DDR4メモリは「DDR4-4000」のような表記をしています。このうち、4000の部分がデータ転送速度を表し、この場合は4000MHzで動作します。またDDRメモリでは一度のメモリアクセスで64ビット（すなわち8バイト）ずつデータを転送します。よってこのメモリのデータ転送速度は4000MHz×8バイト＝32,000MB/秒＝32GB/秒となります。

　また、後述するマルチチャネルを用いると、CPUや各種バス間と通信を行う際、データ転送幅が64ビットのところをデュアルチャネルの場合は2倍、トリプルチャネルの場合は3倍にすることができます。

　さらに、こちらも後述するマルチランクのメモリを用いると、同じくデータ転送幅が64ビットのところをデュアルランクの場合は2倍、クアッドランクの場合は4倍にすることができます。

## ビットとバイト

ビットとバイトを間違えないようにしましょう。1バイト＝8ビットです。

また表記にも気を付けましょう。ビットは小文字のb、バイトは大文字のBで表します。すなわち、64Gb/sと書かれた場合は64ギガビット/秒、64GB/sと書かれた場合は64ギガバイト/秒を表します。

## 🔲 DDR4メモリの種類

DDR4のメモリの種類はたくさんあります。下記にDDR4のメモリの種類の一部を記載します。

●DDR4のメモリの種類の一部

| チップ規格/<br>モジュール規格 | メモリクロック/<br>バスクロック<br>（MHz） | データ転送速度<br>（MHz） | モジュールのデータ転送速度 |
|---|---|---|---|
| DDR4-2133/<br>PC4-17000 | 133/1066 | 2133 | 2133MHz × 8Bytes ≒ 17GB/秒 |
| DDR4-2400/<br>PC4-19200 | 150/1200 | 2400 | 2400MHz × 8Bytes ≒ 19.2GB/秒 |
| DDR4-2666/<br>PC4-21333 | 166/1333 | 2666 | 2666MHz × 8Bytes ≒ 21.3GB/秒 |
| DDR4-3200/<br>PC4-25600 | 200/1600 | 3200 | 3200MHz × 8Bytes ≒ 25.6GB/秒 |
| DDR4-4266/<br>PC4-34100 | 266/2133 | 4266 | 4266MHz × 8Bytes ≒ 34.1GB/秒 |

## 🔲 メモリ用語

メモリ関連の主な用語は、次の通りです。

### ◆ メモリスロット数

メモリはマザーボード上のメモリスロットに挿します。たとえばメモリスロットが8スロットあるサーバーの場合、メモリを8枚挿すことができます。パソコンのメモリスロットは通常、数スロット程度しかありませんが、サーバーでは数十スロットものメモリスロットを持つサーバーもよく使われています。

### ◆ ECC(Error Correcting Code)memory

メモリ故障などによって1ビットの反転エラーが発生したときに自動補正・検知できるように、誤り訂正符号（ECC）と呼ばれるパリティ情報が追加されているメモリをECCメモリと呼びます。

　ハードディスクのような可動部分があるパーツと比較してメモリは壊れにくいですが、著者の経験上、サーバー運用台数が数百台を超えてきたあたりからメモリエラーを見かけるようになります。もし、ECCメモリでないメモリを使用していた場合、メモリ故障が発生したら直ちにOSレベルで異常終了してしまいますが、ECCメモリの場合はメモリ故障が発生しても1ビットの反転エラーまでならメモリ自身が自動補正します。その間、OSはメモリ故障を検知してアラートを出すので、アラートが上がっている間に通常の手順でOSをシャットダウンしてから新しい正常なメモリに交換することができます。

　一般的にはECCメモリと非ECCメモリの混在ができないですが、BIOS画面でECC機能を無効にすることでECCメモリと非ECCメモリを混在できるサーバーもあります。

## ◆ チャネル

　CPUとマザーボードのチップセットが複数のチャネルに対応している場合、チャネルごとに同一種類のメモリを搭載することでデータ幅を増やし、パフォーマンスを向上させることができます。

　シングルチャネルの場合は、1枚のメモリでは64ビットのデータ幅で転送されますが、デュアルチャネルの場合は2枚のメモリを同時にアクセスすることで、128ビットのデータ幅で転送が可能となります。トリプルチャネルやクアッドチャネルも考え方は同様です。

　マルチチャネルを実現する場合、各プロセッサーのメモリ構成は同一でなければならないという決まりがあります。

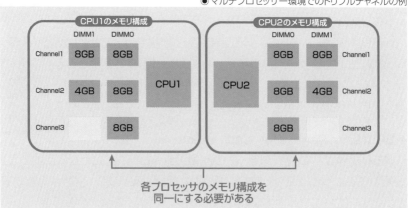

●マルチプロセッサー環境でのトリプルチャネルの例

## ◆ ランク

メモリコントローラーがメモリ上のDRAMからデータを入出力する単位のことをランクと呼びます。1つのランクは64ビットの単位で入出力します。ランクにはシングルランク(1R)、デュアルランク(2R)、クアッドランク(4R)があります。

メモリはDRAMチップの組み合わせで構成されます。シングルランクのメモリでは、1枚のメモリに64ビット(ECC検査符号用に8ビットを追加して72ビット)分のDRAMチップが搭載されています。また、デュアルランクのメモリでは、1枚のメモリに128ビット(ECC検査符号用に16ビットを追加して144ビット)分のDRAMチップが搭載されています。

●ランクの例

8bitのDRAMチップを8個（+ECC用に1個）構成したシングルランクメモリのことを1Rx8と呼ぶ

8bitのDRAMチップを16個（+ECC用に2個）構成したデュアルランクメモリのことを2Rx8と呼ぶ

ECC

72bit
1Rx8

72bit
1Rx4

144bit
2Rx8

4bitのDRAMチップを16個（+ECC用に2個）構成したシングルランクメモリのことを1Rx4と呼ぶ

サーバーにメモリを挿すときにランクの総使用数が多くなるような組み合わせをすることでアクセス性能が向上しますが、メモリコントローラーには扱えるランク数に制限があります。たとえば、4Rのメモリ使用する場合はシングルランクのメモリを4枚挿していることと同じため、スロット数が余っていてもメモリを最大枚数まで挿せないといったことが起きる場合があります。

45

### ◆ UDIMM

UDIMMは、Unbuffered DIMMとも呼ばれるバッファなしDIMMのことです。安価なサーバーでよく使われます。参考までにパソコン用メモリのほとんどはUDIMMが用いられます。

### ◆ RDIMM

RDIMM（Registered DIMM）とは、レジスタバッファ付きDIMMのことです。レジスタバッファ回路がコマンド信号、アドレス信号、およびクロック信号といった制御信号を一旦受け取り、整流・増幅しメモリチップに送ります。メモリコントローラーの負荷が軽減されるので、UDIMMより多くのメモリチップを搭載することができます。RDIMMは大容量メモリや安定的に運用が必要なサーバー用メモリとしてよく使われます。ただし、途中にバッファ回路を挟むことでレイテンシーが増えるため、UDIMMと比較してアクセス速度は若干、低下します。

### ◆ LRDIMM

LRDIMM（Load Reduced DIMM）は、RDIMM（Registered DIMM）をさらに発展させた方式です。LDRIMMでは、RDIMMと違ってデータ信号もバッファ回路を介して送ることで、メモリコントローラーの負荷が大幅に減るので、RDIMMよりさらに大容量化が可能です。

### ◆ LV-RDIMM

LV-RDIMM（Low Voltage RDIMM）は、通常のメモリよりも電圧を下げることで省電力を実現したメモリのことです。

●RDIMMとLRDIMMの比較

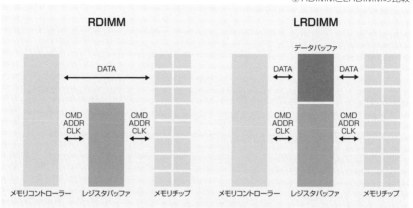

## NVDIMM

　NVDIMM（Non-Volatile DIMM）と呼ばれる、電力が消失してもデータが消えない不揮発性メモリもあります。

　NDIMMはメモリの高速性とストレージの不揮発性という両方のメリットを兼ね備えており、「ストレージだとパフォーマンス的に遅いが、メモリだと停電時などにデータが消失してしまうので困る」というような用途に適しています。具体的にはインメモリデータベースでの利用や、リレーショナルデータベースでトランザクションログを書き出す先としての活用が考えられます。

- NVDIMMにはシステムから直接不揮発性メモリにアクセスできるNVDIMM-F、不揮発性メモリをDRAMのバックアップに用いるNVDIMM-N、そして両方のモードに対応したNVDIMM-Pなどの規格がある。
- NVDIMM-Fには不揮発性メモリであるフラッシュメモリのみが搭載される。大容量で安価な反面、SSDよりは高速だが他の種類のメモリなどと比べると低速。
- NVDIMM-Nには揮発メモリであるDRAMと不揮発メモリであるフラッシュメモリが搭載されるが、CPUやOSからアクセスできるのはDRAMだけ。停電時にはDRAM上のデータをフラッシュメモリに退避することでデータを保持する。電力が復旧したら再度フラッシュメモリからDRAMにデータが戻される。なお、停電時には一時的にバックアップ電源が使われる。

- NVDIMM-Pは、NVDIMM-Nと同様に揮発メモリであるDRAMと不揮発メモリであるフラッシュメモリが搭載されるが、CPUやOSからDRAMと不揮発メモリのいずれにもアクセスできる点が異なる。

ただし、NVDIMMはそのままRDIMMやLRDIMMと置き換えて使えるわけではありません。NVDIMMをサポートしているCPUやマザーボードでないと動作しない製品もあれば、OS上でNVDIMM専用ドライバーが必要になる製品もあります。また、多くの場合BIOS設定の変更も必要です。

なお、NVDIMMはPersistent Memory（永続性メモリ）とも呼ばれます。

## 🔹 メモリ表記の見方

下記の図を例に、メモリ表記の見方を説明します。

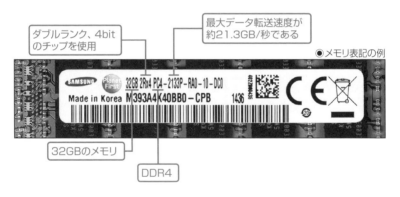

ダブルランク、4bit
のチップを使用

最大データ転送速度が
約21.3GB/秒である

● メモリ表記の例

32GBのメモリ

DDR4

## 🔹 メモリの挿し方

サーバー用メモリでは、メモリの挿し方にいくつかの決まりがあります。
- 各プロセッサーのメモリ構成は同一でなければならない。
- Registered（RDIMM）メモリとUnbuffered（UDIMM）メモリは混在できない。
- 各チャネルに搭載するメモリは同一種類にする必要がある。
- 低電圧メモリと低電圧でないメモリの混在は可能な場合が多い。
- ECCメモリと非ECCメモリは混在できない。

### 🎁 メモリ選定のポイント

メモリ選定のポイントは、次の通りです。

#### ◆ 搭載容量

必要なメモリ容量が搭載されるようにします。

#### ◆ パフォーマンス

高速なメモリアクセスを実現するためには、高速なメモリを選び、デュアルチャネル以上の場合は最もパフォーマンスが出るメモリの挿し方をし、メモリコントローラーが扱えるランク数制限ぎりぎりまで使い切るようにし、かつマルチプロセッサー環境下でマルチチャネルを実現すると、パフォーマンスが向上します。

#### ◆ 拡張性

メモリスロットの数が限られるので、今後、拡張が発生する場合は高価でも大容量メモリを選びます。たとえば、4スロットしかないサーバーで16GBのメモリ量が必要な場合、4GBx4枚の組み合わせだと残りスロット数がなくなりますが、8GBx2枚の組み合わせだと2スロットが残ります。

---

### 🌐 COLUMN
### メモリの種類が多すぎて

　長いことサーバー管理をしていると、古いサーバーと新しいサーバーが混在することになります。サーバーの世代が変わると扱えるメモリも変わるので、その度に保守対応用メモリを確保しておくことになります。

　そんなこんなで、今では保持している保守対応用メモリの種類が数十種類にもなってしまい、困っています。DDR3、DDR4、DDR5。4GB、8GB、16GB、32GB、64GB。それ以外にもUDIMM、RDIMM、LRDIMM、1R、2R、4Rなどなど、間違えないように管理していくのは本当に骨が折れます。

SECTION-09

# ディスク

　家庭用パソコンでは一般的にSSD（Solid State Drive）、M.2 NVMe SSD、もしくはSATAハードディスクが使われますが、業務用途ではさらにさまざまなディスクが用いられます。

## 🔶 ハードディスク

　ハードディスクは磁気ディスク装置とも呼ばれる、磁性体を塗布した金属性のディスクをモーターで高速に回転させ、磁気ヘッドでデータを読み書きする外部記憶装置です。SSDと比較して安価で大容量ですが、SSDより低速で故障率が高いという特徴があります。

　ハードディスクはSATA（Serial ATA）、SAS（Serial Attached SCSI）、FC（Fibre Channel）の3種類が使われます。

### ◆ SATAハードディスク

　SATAハードディスクは安価なハードディスクです。1日8時間程度の稼働用途で利用します。ただし、SASハードディスクより安価なため、重要でないサーバーではあえて耐障害性を犠牲にしてSATAハードディスクを採用する場面も多いです。

●SATA 3.5インチハードディスク

### ◆ SASハードディスク

　SASハードディスクは高信頼・高速なハードディスクです。24時間365日稼働の用途で利用します。

◉SAS 3.5インチハードディスク

◉SAS 2.5インチハードディスク

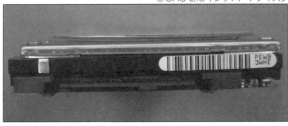

◆FCハードディスク

　FCハードディスクは高信頼・超高速なハードディスクです。SANストレージなど、エンタープライズ用途で利用します。

◉FC 3.5インチハードディスク

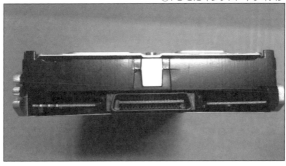

●3.5インチハードディスクと2.5インチハードディスクのサイズ比較

●各インターフェイスの比較

| インターフェイス名 | SATA | SAS | FC（Fibre Channel） |
|---|---|---|---|
| 最大転送速度 | （SATA3）6Gbit/s | （SAS2.1）6Gbit/s（SAS3.0）12Gbit/s | 8Gbit/s |
| 最大ケーブル長 | 1m | 8m程度 | 30m |
| 接続トポロジー | ホストコントローラーと1対1 | スター型（SAS Expanderを用いるとSASポート数以上のデバイスを接続可能） | ループ型（FC-AL）/ファブリック型（FC-SW） |
| 接続可能数 | 1台 | 128台（SAS Expanderを用いると約16万台まで） | 126台/1678万台 |
| マルチリンク（複数のポートを束ねて広帯域にする機能） | 非対応 | 対応 | 対応 |
| 通信プロトコル | IDEもしくはAHCI | SCSI | SCSI |

## COLUMN

### ニアラインハードディスク

　主にアーカイブの長期保存などの用途を前提に、1日に数時間程度の利用を想定した、容量、速度、コスト、そして品質のバランスに優れたハードディスクとして、ニアラインと呼ばれるハードディスクがあります。

　通電している状態を指す「オンライン」と通電していない状態を指す「オフライン」の中間の状態として「ニアオンライン」（near-online）が定義され、その状態に適したハードディスクとしてニアラインハードディスクが用いられます。

　ニアラインハードディスクにはNL-SATAとNL-SASがあります。

## 🗄 SSD

SSD(Solid State Drive)は半導体素子メモリを記憶領域に用いたディスクです。高速、低電力な半面、ハードディスクと比べて概して高価です。

SSDの弱点として、書き込み・消去を繰り返すと素子が劣化するというものがあります。

SSDの耐久性を示す製品仕様に、TBWと呼ばれる最大総書き込みバイト数を表す値と、DWPDと呼ばれる1日あたりのドライブ書き込み数の値が示されます。書き込み頻度が高いサーバーに対して安価な家庭用SSDをサーバーに用いると、この制約のために1年も持たずに寿命を迎える場合があります。それに対して業務用途のSSDでは、家庭用SSDと比べてはるかに多い回数の書き込みが行えます。

SSDにはSLC(Single Level Cell)、MLC(Multi Level Cell)、TLC(Triple Level Cell)、QLC(Quad Level Cell)などの方式があります。

SLCは1つの記録素子に1ビットのデータを記録します。MLCでは1つの記録素子に2ビットのデータを記録します。同様にTLCでは1つの記録素子に3ビットのデータを、QLCでは1つの記録素子に4ビットのデータを記録します。SLCは書き込み速度が速く書き換え可能回数が多くて耐久性が高いが、高価という特徴があります。よって一般的にはSLC以外が採用される場面が多いです。

●SLC、MLC、TLC、QLCの違い

記憶素子 / SLC 0 1 / MLC 00 01 10 11 / TLC 000 001 010 011 100 101 110 111 / QLC 0000〜1111

1bits/cell　2bits/cell　3bits/cell　4bits/cell

　サーバーベンダーからサーバーを購入する際の注意点として、通常、ハードディスクの場合は保守の中にハードディスクのサポートも含まれますが、SSDの場合は保守対象外、もしくは保証使用量が設けられ、保守期限か保証使用量に達したときのいずれかでサポートを打ち切ることを明記しているベンダーもあります。これはよく確認しておくとよいでしょう。

◆ SATA SSD

　SATA SSDは安価なSSDです。SATAインターフェイスに接続します。

●SSD（写真提供:Western Digital社）

◆ SAS SSD

　SAS SSDは高信頼だが高価なSSDです。SASインターフェイスに接続します。

## ◈ NVMe SSD

SSDの仲間ですが、NVMe(Non-Volatile Memory Express)と呼ばれるフラッシュストレージのために最適化された通信プロトコルを用いたSSDのことをNVMe SSDと呼びます。

NVMe SSDは一般的にSATAインターフェイスよりも高速に通信するPCI Expressインターフェイスに接続[1]します。

PCI ExpressにはGen3、Gen4、Gen5があり、転送速度が異なります。

●PCI Express接続のM.2 SSDの転送速度の比較

| 接続規格 | PCI-Express Gen3 | PCI-Express Gen4 | PCI-Express Gen5 |
|---|---|---|---|
| 最大転送速度 | 32Gbit/s | 64Gbit/s | 128Gbit/s |
| 通信プロトコル | NVMe | NVMe | NVMe |

NVMeの接続インターフェイスにはU.2とM.2の2種類があります。

## ◈ U.2 NVMe SSD

U.2 MVMe SSDはU.2スロットに接続します。U.2スロットは家庭用パソコンではほぼ使われませんが、サーバー用途ではU.2スロットがよく使われます。

エンタープライズ向けに開発された規格であり、新たに策定されたPCI Expressによるドライブと、以前のSASやSATAドライブのいずれも接続できます。ホットスワップにも対応しています。なお、U.2コネクターは機械的にはSATA Expressと呼ばれる、現在ほとんど使われていない内蔵ストレージ向けインターフェイスと同一です。

ラックマウントサーバーでは通常、筐体の前面にホットスワップ対応のNVMe SSDスロットが用意されています。

---

[1]：まれにSATAインターフェイスに接続するM.2 NVMe SSD製品も存在します。

●WD BLACK SN750 NVMe SSD（写真提供:Western Digital社）

## 🔷 M.2 NVMe SSD

　M.2 SSDはM.2スロットに接続します。家庭用パソコンやノートPCでは M.2 SSDがよく使われますが、サーバー用途ではあまり使われません。

　サーバー用途では高信頼性とホットスワップができることが重要になりますが、一般的なサーバーではホットスワップに対応したM.2スロットが用意されていません。家庭用パソコンなどであれば通常、基板（マザーボード）上にあるM.2スロットに直接、M.2 NVMe SSDを挿して使用します。この仕組みだとM.2 SSDを交換する度にサーバー本体を開ける必要があり、ホットスワップが行えないという問題があります。

　ただし、OS起動用にホットプラグに対応したオプションとして提供されているサーバー製品があります。このタイプのオプションでは何らかの仕組みでサーバー本体を開けずにM.2 SSDを交換できるようになっています。

M.2 SSDには「Type2280」「Type2260」「Type2242」などがあり、4桁の数字はサイズを表しています。幅はすべて22mmですが、長さが各々80mm、60mm、42mmのように異なります。さまざまな種類がありますが、長さ80mmの「Type2280」が主流です。

◉M.2 NVMe SSD（写真提供:Western Digital社）

# RAIDとRAIDコントローラー

RAIDは、パフォーマンス向上と耐障害性の向上といった目的で用いられます。

### ◆ RAIDレベル

RAIDレベルには「0」「1」「2」「3」「4」「5」「6」の7種類が存在します。また、RAID0と他のRAIDレベルを組み合わせた「RAID10（1+0）」「RAID50（5+0）」「RAID60（6+0）」というものも存在します。

各々のRAIDレベルの説明は、次の通りです。

●RAIDレベル

| RAID | 説明 | 詳細 |
|---|---|---|
| 0 | 耐故障性のないディスクアレイ（ストライピング） | 複数のディスクにデータを分散し書き込む。データを冗長に書き込まないため、ディスクI/O性能は高いが、耐障害性がない。ログ集計などの一時記憶領域などで使われる |
| 1 | 二重化（ミラーリング） | 2台以上のディスクに同じデータを書き込んで冗長化する。耐障害性が高い。OSのパーティションや、特に重要なデータが置かれるところで使われる |
| 2 | ビット単位での専用誤り訂正符号ドライブ（ECC） | ほとんど使われない |
| 3 | ビット/バイト単位での専用パリティドライブ | ほとんど使われない |
| 4 | ブロック単位での専用パリティドライブ | ほとんど使われない |
| 5 | ブロック単位でのパリティ情報記録 | 3台以上のディスクにデータを分散して書き込む。その際にパリティ情報を付加するため、仮にディスクが1台故障しても残りのデータとパリティ情報から失われたデータを復元できる。複数のディスクにデータを分散し書き込むストライピング効果のためディスクI/O性能も比較的高い。ファイルサーバーやログ保存などで使われる |
| 6 | ブロック単位での2種類のパリティ情報記録 | 4台以上のディスクにデータを分散して書き込む。その際に2種類のパリティ情報を付加するため、仮にディスクが2台故障しても残りのデータとパリティ情報から失われたデータを復元できる。用途はRAID5とほぼ同等 |
| 10 | RAID1をストライピングしたもの | 耐障害性とディスクI/O性能の両方を満たしたい場合に使われる。データベースなどで使われる |
| 50 | RAID5をストライピングしたもの | 保存容量確保とディスクI/O性能の両方を満たしたい場合に使われる。ファイルサーバーやログ保存などで使われる |
| 60 | RAID6をストライピングしたもの | |

## ✈ RAIDのパフォーマンス

ストライピングを有するRAIDレベルを用いると、ディスクI/O性能を向上させることができます。ディスクI/O性能とは、サーバーとストレージの間でやり取りされるデータの読み書き性能のことを指し、特に秒間に処理できるI/O数のことをIOPS（Input/Output Per Second）と呼びます。

1本のディスクを用いる場合と比べて、2本のディスクを並列に用いると理論上、2倍の速度でディスクに読み書きができることになります。同様に8本のディスクを用いると理論上、8倍の速度となります。

このように、複数のディスクを並列に用いる場合の本数のことをストライピング本数と呼び、ストライピング本数を増やせば増やすほどディスクI/O性能が向上します。

## ✈ RAID5 vs. RAID10

大量のディスク容量が必要な場合、RAID5とRAID10のいずれかがよく検討されます。

一般的にRAID5では実容量を多く取れる半面、パフォーマンスが遅いのに対し、RAID10では実容量が少なくなる半面、パフォーマンスが速いといわれます。ただし、これは何本のディスクを使ってRAID構成するかによって状況が変わること、および、RAIDコントローラーの実装によって差があるため、一概には言えません。

ここでは、1TBのハードディスクが8本あった場合を考えてみます。

● RAID5
○ 実容量…7TB（8本−1本=7本）
○ 応答速度…ストライピング本数がRAID10では4本なのに対してRAID5では7本となる。ストライピング本数に差があるのでReadの場合、RAID5の方が速い場合が多いが、Writeの場合はパリティ処理の負担が大きいため、RAID10より劣る場合が多い。
○ 耐障害性…RAID10と比べて大きく劣る。
○ コスト…RAID10と比べて実容量対比で割安。

- RAID10
  - 実容量…4TB（8本÷2＝4本）
  - 応答速度…ストライピング本数に差があるのでReadはRAID5より劣り、WriteはRAID5より勝る場合が多い。
  - 耐障害性…RAID5と比べて大きく勝る。
  - コスト…RAID5と比べて実容量対比で割高。

## RAID5 vs. RAID6

RAID5は1種類のパリティ情報が用いられるのに対し、RAID6は2種類のパリティ情報が用いられるのでRAID6の方が優れているといわれます。しかし、RAID6の方が必ずしもRAID5より優れていると断言できない部分があります。

- RAID5
  - パリティ情報…1種類。
  - 応答速度…パリティ情報が少ない分、RAID6より速い。
  - 耐障害性…ディスクが2本以上同時に壊れるとデータ領域が壊れてしまうため、RAID6より耐障害性が低い。ただし、RAID構成が壊れてハードディスク復旧業者にデータ復旧を依頼することになった場合は、復旧に成功する可能性がRAID6より高い。

- RAID6
  - パリティ情報…2種類。
  - 応答速度…パリティ情報が多い分、RAID5より遅い。
  - 耐障害性…ディスクが3本以上同時に壊れるまでデータ領域が壊れないため、RAID5より耐障害性が高い。ただし、RAID構成が壊れ、ハードディスク復旧業者にデータ復旧を依頼することになった場合は複数のパリティ情報を解析する負担が増えるため、復旧に成功する可能性がRAID5より低い。

## 実容量とディスク本数の関係

500GBのディスクを12本使う場合の実容量は、次のようになります。

●500GBのディスクを12本使う場合の実容量

| RAID | 計算式 | 実容量 |
|---|---|---|
| 0 | 500GB × 12本 | 6TB |
| 1 | 構成不能。RAID10で構成する | － |
| 5 | 500GB × (12−1)本 | 5.5TB |
| 6 | 500GB × (12−2)本 | 5TB |
| 10 | 500GB × (12÷2)本 | 3TB |
| 50<br>(3通りの組み合わせがある) | 500GB × ((3−1) × 4)本 | 4TB |
| | 500GB × ((4−1) × 3)本 | 4.5TB |
| | 500GB × ((6−1) × 2)本 | 5TB |

実容量で2TBを用意するための500GBディスク本数は、次のようになります。

●実容量で2TBを用意するための500GBディスク本数

| RAID | ディスク本数 | ストライピングされる本数 | コスト | 耐障害性 |
|---|---|---|---|---|
| 0 | 4本 | 4本 | 最も安い | なし |
| 1 | 構成不能。RAID10で構成する | － | － | － |
| 5 | 5本 | 5本 | 中間 | やや低い |
| 6 | 6本 | 6本 | 中間 | 高い |
| 10 | 8本 | 4セット(2本×4セット) | 最も高い | 高い |
| 50 | 6本 | 2セット(3本×2セット) | 中間 | やや低い |

## RAIDコントローラー

RAIDコントローラーは複数個のハードディスクやSSDなどのストレージを束ねてハードウェア的にRAID構成を実現するパーツのことを指します。なお、RAIDコントローラーはアレイコントローラーなどとも呼ばれます。

サーバー用途で使われるRAIDコントローラーには、複数のストレージと接続するインターフェイスの他に、高速なキャッシュメモリがバッテリーと共に搭載されているのが一般的です。停電が起こるとバッテリーからRAIDコントローラーに給電が行われ、キャッシュメモリ上に残されたデータ[2]を速やかにストレージに書き込みます。これはストレージに書き込み中の状態でキャッシュメモリのデータが消失するとデータの書き込みが中途半端な状態で止まりデータが壊れることを防ぐための重要な機能です。

[2]：キャッシュには残るがまだストレージに書き込まれていないデータのことをダーティキャッシュと呼びます。

　キャッシュメモリが搭載されたRAIDコントローラーには、ライトスルーモードと、ライトバックモードがあります。

- ライトスルーモードでは、OSからRAIDコントローラーに対してデータ書き込み要求が来た場合、ストレージに書き込みが完了したのを確認してからOSに対して書き込み完了通知を返す。

- ライトバックモードでは、OSからRAIDコントローラーに対してデータ書き込み要求が来た場合、書き込む内容をキャッシュメモリに置いた後にOSに対して書き込み完了通知を返す。その後順次ストレージに順次書き込んでいく。

　OSから見た場合、ライトスルーモードではストレージへの書き込み完了通知が遅い反面、確実な書き込みが保証されます。一方、ライトバックモードではストレージへの書き込み完了通知が速い反面、停電時にキャッシュメモリ上のデータが消失してしまいます。それを防ぐためにキャッシュメモリが搭載されているRAIDコントローラーには必ずバッテリーが搭載されています。

●RAIDコントローラー（写真提供:インテル株式会社）

## COLUMN
### RAID6の考案者は不明確

「RAID6の正確な定義って何だろう?」とふと思いました。

よく知られているRAID6の定義としては「パリティ情報を2本のディスクに書き込むので、ディスクが2本故障してもデータが消失しない」というものです。しかし、あいまいなのは、どのようなパリティ情報をディスクに書き込むのかということです。これについては、文献によって書いてあることに差があります。たとえば、「RAID5のパリティ情報をもう1つ他のディスクにも書き込んだものがRAID6だ」というものや、「RAID5のパリティ情報とは別のアルゴリズムで算出したパリティ情報を他のディスクに書き込んだものがRAID6だ」などです。

RAID0～5に関しては明確な定義があります。Wikipedia(https://ja.wikipedia.org/wiki/RAID)には、次のように記載があります。

> 1988年にカリフォルニア大学バークリー校のデイビッド・パターソン, Garth A. Gibson, Randy H. Katzによる論文「A Case for Redundant Arrays of Inexpensive Disks (RAID)」において提唱された。

しかし、RAID6に関しては、いつどこで誰が定義したのかを明確に述べた文献が存在しませんでした。

それを踏まえて、いろいろ調べてみた中で、英語版のWikipedia(http://en.wikipedia.org/wiki/RAID6#RAID_6)に書いてあった内容が最も信憑性があるように思いました。「Implementation」には、次のような記載があります。

> According to the Storage Networking Industry Association (SNIA), the definition of RAID 6 is: "Any form of RAID that can continue to execute read and write requests to all of a RAID array's virtual disks in the presence of any two concurrent disk failures. Several methods, including dual check data computations (parity and Reed-Solomon), orthogonal dual

> parity check data and diagonal parity, have been used to
> implement RAID Level 6

　上記を日本語に訳すと「SNIAというストレージベンダーの業界団体によると、RAID6の定義は、2本の仮想ディスクで読み書きに失敗しても処理を継続できること。RAID6の実装には二重チェックデータ計算、直角二重パリティチェック、および、斜めのパリティチェックを含む、いくつかの方法があります。」ということです。

　つまりはRAID6とは2本のディスクが故障してもRAID構成が壊れなければどんな実装でも構わないということになります。よってパリティ情報の書き込み方については、ベンダーによって実装方法が違うかもしれないという結論ですね。

# NIC(Network Interface Card)

　サーバーをネットワークにつなげるためにはネットワークのインターフェイスが必要です。NIC(Network Interface Card)はサーバーがネットワーク機能を使うために必ず搭載されている機能の1つです。

　NICはサーバーのメインボードにオンボードであらかじめ搭載されている場合もあれば、PCI ExpressスロットやUSBスロットに挿して使う場合もあります。

　なお、NICは、イーサネットボード、LANカード、ネットワークアダプターなど、さまざまな呼ばれ方をされます。

## 🔹 NIC選定のポイント

　NIC選定のポイントは、次の通りです。

### ◆ 帯域幅

　1000Mbps、2.5Gbps、10Gbps、40Gbps、100Gbpsなどの中から、必要な帯域幅を満たしたものを選びます。

### ◆ インターフェイスの形状

　LANケーブルと光ケーブルのいずれを選ぶかによってインターフェイスの形状が変わっています。

　LANケーブルではCat6AまではRJ-45コネクターですが、Cat7A以降はさまざまなコネクターが使われるので注意が必要です。

　光ケーブルでもSFPポート(1000Mbps)、SFP+ポート(10Gbps)、SFP28ポート(40Gbps)などの違いがあるので注意が必要です。

### ◆ ベンダー

　さまざまなメーカーからNICが発売されています。どのベンダーの製品であっても標準規格に準拠して作られているはずなので、どの製品を選定してもネットワーク通信を行えるはずだと思うかもしれません。しかしサーバーに導入予定のOSやハイパーバイザー製品によっては、購入予定のNIC用デバイスドライバーが提供されていない、もしくは提供はされているが標準で入っていない可能性があります。

　よってOSが購入予定のNICをサポートしているのか事前に確認しておく必要があります。

◆ ポート数

　1枚のNICボードに2ポートや4ポートなどといった複数のネットワークポートが搭載されている製品があります。ネットワーク冗長化などで複数ポートが必要な場合は、複数ポートが搭載されている製品を購入するのが便利です。

　ただし、ボード自体の故障によるサービス停止を防ぐための冗長化構成を組む場合は、NICボードを複数枚、導入して冗長化を行います。

◆ NICオフロード機能

　高負荷なネットワーク通信が行われる環境ではTCP/IPの処理を大量に行うためにCPUの負荷が上がります。NICオフロード機能のあるNICでは、この処理をNIC側のチップが肩代わりすることでCPU負荷を軽減することができます。

　具体的には，下記3つの処理がNICオフロード機能によって代行されます。

**1** TCP/IPチェックサムのオフロード

**2** TCP(トラスミッション・コントロール・プロトコル)セグメント化オフロード

**3** IPSec(インターネット・プロトコル・セキュリティ)オフロード

　ただしNICオフロード機能が想定外の挙動をすることによる障害事例がたまに見受けられるので過信は禁物です。

◉NIC(写真提供:インテル株式会社)

# 電源ユニット

サーバー本体に電力を供給するために、電源ユニットが搭載されます。

## 電源ユニットの選定基準

電源ユニットの選定基準は主に2つです。

### ◆ 電源容量

　サーバーで使われる最大電源容量を満たすものを選びます。GPUを搭載していたりハードディスクを数十本搭載しているなどといった、電力を多く使うパーツが使われているサーバーでは特に電源容量を多めに見積もる必要があります。

### ◆ 電源ユニットの冗長化要否

　電源ユニットが故障してもシステム動作に影響を与えないためには、電源ユニットを複数個搭載できるサーバーを選びます。

# GPU

　GPU(Graphic Processing Unit)は、3Dグラフィックス処理の演算を高速に行う目的で登場したプロセッサーです。演算を行うという点ではCPUと同様ですが、GPUはCPUよりも多くのコア数を持ち、並列処理に優れていて単精度浮動小数点演算に強いという特徴があります。GPUは、3DCGの作成の他、AI、科学技術計算、暗号資産のマイニングにも使われます。

## 🔹 GPUの特徴

　CPUと比較して、GPUにはいくつか特徴があります。

### ◆ 桁違いのコア数

　CPUのコア数は数個から数十個なのに対して、GPUのコア数は数十個から数万個も搭載されています。ただし、CPUで搭載されているような分岐予測などの高度な機能はありません。

### ◆ 高速な内部メモリ

　GPUでは高速なメモリアクセスが必要となるため、GPUボード内部に高速メモリが内蔵されています。

### ◆ 高いメモリバンド幅

　1秒間あたりにどれだけのデータを転送できるかが重要となります。通常は「GB/s(=ギガバイト/秒)」で表しますが、ハイエンドGPUの場合「TB/s(=テラバイト/秒)」程度のスループットを叩き出すものもあります。

## 🔹 GPU選定のポイント

　GPU選定のポイントは次の通りです。

### ◆ NVIDIA社製品 vs. AMD社製品

　GPUは、ほぼNVIDIA社製品とAMD社製品のいずれかに区分されます。両社製品間でハードウェア的な互換性はありませんが、利用者視点で見ると、両社製品に対応した並列プログラミング環境を用いることで、いずれの製品も同様に扱うこともできます。

#### ◆ 並列プログラミング環境

GPUを用いたプログラミングでは、並列処理を実行するためのプログラミング環境としてOpenCLかCUDAがよく使われます。いずれもGPUを扱うためにC言語を拡張して提供されています。

GPUを扱うプログラミングでは、CPU側をホストと呼ぶ制御用プロセッサーとして、GPU側をデバイスと呼ぶ演算用プロセッサーとして位置付け、ホスト（CPU）側のメモリとデバイス（GPU）側のメモリの間で適時プログラムやデータをやり取りさせるようにプログラムを作成していきます。

OpenCLとCUDAの違いは次の通りです。

● OpenCL（Open Computing Language）

OpenCLの仕様はAppleによって提案され、現在はアメリカの非営利団体であるKhronos Groupの作業部会OpenCL Working Groupによって仕様が策定されています。Khronos Groupではあくまでも仕様を策定するだけで、実装は各ベンダーが行っています。OpenCLを使用したクライアントプログラムを開発するためには、各ベンダーから提供されているソフトウェア開発キット（SDK）をダウンロードして利用します。各ベンダーから提供されているSDKには、たとえば「AMD APP SDK」「NVIDIA CUDA Toolkit」「Intel SDK for OpenCL Applications」などがあります。なお、OpenCLでは、オープンソースコミュニティなどによってC言語以外の各種言語（C++、Java、Python、C#など）用に上位レベルのラッパーライブラリなどが開発されています。

● CUDA（Compute Unified Device Architecture）

CUDAはNVIDIA社が提供するNVIDIA社のGPU専用のプログラミング環境で、OpenCLよりも高速です。

#### ◆ 消費電力

GPUは概して消費電力が高いです。消費電力350WのGPUを2枚搭載したサーバーの場合、サーバー本体の消費電力も合わせると1サーバーあたり800W以上の消費電力が予想されます。仮に1ラック3KVA上限のデータセンターを借りている場合は、1ラックに3台しか搭載できません。GPUサーバーの利用を前提とした高電力ラックを提供しているデータセンターもあります。

## ◆ 費用対効果

　おそらく大量の計算を行う目的でGPUを導入するケースがほとんどだと思います。シンプルに考えれば高価な製品であればあるほど一般的には大量の演算を高速に行ってくれます。よって計算させようとしている対象がどの程度の時間で演算を完了させたいのかによって求める性能が決まってきます。その要件に合う中で最も費用対効果に優れているものを選定します。

# CHAPTER
# 03
## OS

>>> 本章の概要

　OS(Operating System)とは、ハードウェアを制御し、かつ利用者に対してサーバーにコマンドを入力するためにCLI(Command Line Interface)やGUI(Graphical User Interface)といったインターフェイスを提供する基本ソフトウェアとなります。サーバーを利用するためには、サーバーに何かしらのOSをインストールすることが必要となります。

　OSは多種多様ですが、現在、一般的に使われるOSとしてはLinux、Windows、および、UNIXの3種類にほぼ集約されています。

# Linux

オープンソースの代表的OSとしては、Linuxが真っ先に挙げられます。

Linuxにはディストリビューションと呼ばれる、Linux Kernelと各種アプリケーションなどをパッケージ化したものが多数、存在します。

- Red Hat系(Red Hat Enterprise Linux、Fedora、CentOS、CentOS Stream、AlmaLinux、Rocky Linux、MIRACLE LINUX、Vine Linux、Scientific Linux、Oracle Linuxなど)
- Debian系(Debian、KNOPPIX、Ubuntu、Linux Mintなど)
- Slackware系(Slackware、openSUSEなど)

ディストリビューションの種類によってアプリケーションのパッケージ管理方法に違いがあり、それぞれインストール方法にも違いがあります。

よく混同されますが、これらディストリビューションはあくまでもディストリビューションであってOSではありません。ただし、実際の現場の会話の中では「うちの環境ではOSとしてはRHEL[1]とUbuntuが動いている」などというように、ディストリビューションもOSの一種のように扱われる場面がよく見られます。

Red Hat系として区分したディストリビューションの多くは、Red Hat Enterprise Linuxのソースコードからライセンスや商標に問題がある部分を省いてクローンしたものです。商用OSとしての安定性とオープンソースとしてのフリーOSの利点が両立していることで、多くのWeb系企業で採用されています。

## 🔹 商用Linuxディストリビューション

有償保守サポートが必要な場合は商用Linuxディストリビューションを利用します。商用Linuxディストリビューションでは、ライセンスを購入するのではなくて、サブスクリプション(定期購読の意味。ここでは保守サポート費用を指す)を年単位で購入します。

[1]：Red Hat Enterprise Linuxの略語

　商用Linuxディストリビューションではパッケージの動作安定性が重視され
ているため、ディストリビューションに含まれている各種オープンソースのバー
ジョンが上がっても即座に最新のバージョンが提供されないことがあります。
このことから、常に最新版のアプリケーションを使いたい場合は他のディスト
リビューションを使うか、あえてdnfコマンドやrpmコマンドといったディストリ
ビューションが提供するアプリケーションインストール手段を使わず、自分自
身で最新ソースコードを入手してコンパイルするといった運用を行っている企
業も見られます。

◆ Red Hat Enterprise Linux

　IBMの子会社であるRed Hat社によって開発されているLinuxディストリ
ビューションです。

　Red Hat Enterprise Linuxの開発には、オープンソース版のディストリ
ビューションであるFedoraとCentOS Streamのフィードバックが活用され
ます。

　FedoraはRed Hat社が開発支援をしているFedora Projectがメンテナ
ンスを行っています。各パッケージのアップストリーム（開発元）で開発されて
いる先進的な機能を開発・テストするためのプロジェクトとして位置付けられ
ています。

　CentOS Streamは、Red Hat Enterprise Linuxの開発中の最新のソー
スコードをオープンソース・コミュニティのメンバーがRed Hat社の開発者と
連携して開発やテストをしているディストリビューションです。

◆ SUSE Linux Enterprise Server

　ドイツのSUSE社によって開発されているLinuxディストリビューションです。

　オープンソース版のディストリビューションであるopenSUSE Leapもあ
ります。こちらはSUSE社とその他の企業などが支援するコミュニティである
openSUSEプロジェクトによって、SUSE Linux Enterprise Serverのソー
スコードを利用してメンテナンスされています。

### ◆ Oracle Linux

Oracle社によって開発されているLinuxディストリビューションです。

Red Hat Enterprise Linuxをクローンして作られているため、Red Hat Enterprise Linuxと同等の機能があります。

ただしパッケージの中のLinuxカーネル部分は、Oracle社製品に最適化したUnbreakable Enterprise Kernel(UEK)と、Red Hat Enterprise Linuxと同一のLinuxカーネルが同梱されているRHCK(Red Hat Compatible Kernel)のいずれかを選択することができます。

Oracle Linux自体は無償で使うことも可能ですが、有償サポートが必要な場合には保守契約を行うこともできます。

# Windows Server

Windows ServerはMicrosoft社の提供するサーバー用OSです。Linux/UNIXとWindowsの大きな違いはGUI操作ができることだといわれた時代もありましたが、現在はLinux/UNIXでもGUI操作が行える環境がそれなりに整備されているため、GUI操作の可否がOSの違いを特徴付ける最大の要素というわけではなくなりました。しかし、それでもWindows ServerのGUIはLinuxのGUIと比較して日ごろ使い慣れているPC用Windows OSのGUIを踏襲しているため、サーバーOSを使い慣れていない人たちにとってはWindows Serverのほうが他のOSと比べて敷居が低いといった側面は確かにありそうです。

## ❧ Windows Serverの選定理由

Windows Serverが選定されるのは、主に次の場合です。

### ◆ Windows Server上で稼働するソフトウェアを使いたい

SQL Server、SharePoint Server、Exchange ServerなどといったMicrosoft社製品を使いたい場合や、Oracleデータベースや各社ソフトウェアなどをWindows Server上で使いたい場合にWindows Serverが用いられます。

### ◆ Active Directory環境を使いたい

Active Directory（アクティブディレクトリ）とは、Microsoft社によって開発されたディレクトリサービスシステムです。オフィス環境でWindows PCやプリンタ、サーバーといったハードウェアリソースや、それらを利用するユーザーの各種権限の管理を行いたい場合にActive Directoryが使われます。

### ◆ .NET（ドットネット）基盤を使いたい

Microsoft社は.NET Frameworkというアプリケーションの開発・実行環境を提供しています。.NETは業務アプリケーションを開発する上でよく使われる機能をパッケージ化したもので、高度な業務アプリケーションを容易に短期間で開発できるという特長があり、システムインテグレーションの世界で多く採用されます。

## 🔲 Windows Serverのライセンス体系

Windows Serverのライセンス体系はバージョンによって異なるので、都度、確認する必要があります。ここでは、Windows Server 2019と2022の場合について説明します。

Windows Serverは主にStandard EditionとDatacenter Editionの2種類に分かれます。

サーバーライセンスはCPUの物理コア数に応じて計算を行います。いずれのEditionの場合も次の3つのルールで必要なライセンス数を計算します。

- 物理コアの総数を満たすライセンスが必要
- 1プロセッサー当たり、最低8コア分のライセンスが必要
- サーバー1台当たり、最低16コア分のライセンスが必要

具体的には下記の表を参考にしてみてください。

● 必要コアライセンス数

1プロセッサーごとのコア数

|  |  | 2 | 4 | 6 | 8 | 10 | 12 | 14 | 16 | 18 | 20 |
|---|---|---|---|---|---|---|---|---|---|---|---|
| CPU数（ソケット） | 1 | 16 | 16 | 16 | 16 | 16 | 16 | 16 | 16 | 18 | 20 |
|  | 2 | 16 | 16 | 16 | 16 | 20 | 24 | 28 | 32 | 36 | 40 |
|  | 3 | 24 | 24 | 24 | 24 | 30 | 36 | 42 | 48 | 54 | 60 |
|  | 4 | 32 | 32 | 32 | 32 | 40 | 48 | 56 | 64 | 72 | 80 |

※グレー部分は、最低コア分のライセンス数を満たすために、「CPU数 × 1プロセッサーごとのコア数」より多いものを示しています。

## 🔲 仮想環境上でのゲストOSの必要ライセンス数

Windows Serverを仮想環境のホストOSとして構築した場合、ホストOS上でゲストOS（仮想サーバーのこと）を複数実行することができます。もしゲストOSがWindows Serverの場合、ホストOSをStandard Editionで構築するのかDatacenter Editionで構築するのかによって必要なライセンス数が変わってきます。

それぞれのEditionで必要なライセンス数は次の通りです。

- Datacenter Edition：無制限
- Standard Edition：ゲストOSの数によって変わる（物理OSとして必要なベースライセンス数ごとに2個のゲストOSを実行可能）

Datacenter EditionをホストOSに使うのであれば、その上でゲストOSをいくつ実行させてもゲストOS用の追加Windows Serverライセンスが不要です。それに対してStandard EditionをホストOSに使うのであれば、少し複雑な計算が必要となります。

Standard Editionでは「物理OSとして必要なベースライセンス数ごとに2個のゲストOSを実行可能」と説明しました。具体的には次の例のように計算されます。

- 「1CPUソケット・10コア」のサーバーで16コアライセンスを購入。この場合、ベースライセンス数が16なので、2個のゲストOSを実行可能。
- 「2CPUソケット・10コア」のサーバーで40コアライセンスを購入。この場合、ベースライセンス数が20なので、4個のゲストOSを実行可能。
- 「4CPUソケット・20コア」のサーバーで80コアライセンスを購入。この場合、ベースライセンス数が80なので、2個のゲストOSを実行可能。
- 「4CPUソケット・20コア」のサーバーで240コアライセンスを購入。この場合、ベースライセンス数が80なので、6個のゲストOSを実行可能。

## 🔷 サポートライフサイクル

Microsoft社製品にはサポートライフサイクルが設定されており、メインストリームサポート終了日まで機能拡張が提供されます。延長サポート終了日まではセキュリティパッチが提供されます。

延長サポート終了日以降はセキュリティ脆弱性が発見されても新しいセキュリティパッチが提供されないため、延長サポート終了日を迎える前に新しいWindows Serverバージョンにアップデートする必要があります。

# UNIX

UNIXは、1968年にアメリカAT&T社のベル研究所で開発されました。ハードウェアに依存せず、移植性の高いC言語で記述され、また、ソースコードが比較的コンパクトであったことから、その後、多くのプラットフォームに移植されることになりました。現在は業界団体「The Open Group」によってUNIXの商標が所有されており、SPEC1170と呼ばれる技術仕様を満たしたOSのみが、正式にUNIXを名乗れることになっています。

以前はWebサーバーやメールサーバーなど、さまざまなサーバー用途でUNIXが用いられてきましたが、現在はLinuxなどのオープンソース系OSが普及したことにより、ほとんどのサーバーはオープンソース系OSで構築され、UNIXはエンタープライズサーバーを使うためのOSとして用いられることが多くなりました。このことから、UNIXはエンタープライズサーバーベンダー製品と密接に絡んでいます。

## ● 代表的なUNIX OS

代表的なUNIX OSは、次のようになります。

### ◆ AIX

AIXはIBM社の商用OSです。IBM社のPOWER CPUにて動作します。

### ◆ Oracle Solaris

Oracle SolarisはOracle社の商用OSです。Oracle社のSPARC、および、x86系CPUにて動作します。

Oracle社が2017年1月に発表した内容によると、今後のSolarisはSolaris11のままメジャーバージョンアップをせず、継続的にマイナーアップデートを繰り返す方針に変更されました。

> URL https://blogs.oracle.com/solaris/post/
> oracle-solaris-moving-to-a-continuous-delivery-model

　ところで、2005年にSolarisのソースコードの大部分をオープンソース化したOpen Solarisが発表されましたが、2010年にOracle社がもともとSolarisを提供していたSun Microsystems社を買収した後にOpen Solarisが中止されました。現在では有志の手によって、illumos（イルモス）プロジェクトなど、いくつかのOpen Solarisの派生プロジェクトが更新を続けてられています。

◆ HP-UX

　HP-UXはHP社のOSです。HP社のPA-RISC、および、Intel社のItanium系CPUにて動作します。

　ただしHP-UXは2028年12年に延長サポートも含めて完全に販売が終了することがアナウンスされています。

　　URL https://www.hpe.com/jp/ja/servers/hp-ux/
　　　　　　　　　　　　　　　　　support-policy.html

# CHAPTER
# 04
# ネットワーク

## ▶▶▶ 本章の概要

　ネットワークは、サーバーなどのノードを有線や無線でつなげた集合体です。ネットワークを構成する上で用いられるネットワーク機器とは、LANケーブルや光ファイバーケーブルなどの伝送媒体を集約して信号を交換する装置のことです。

　ネットワーク機器もラックマウント型サーバーと同様に、19インチラックに収容することを前提としたユニット単位での形状となっています。ネットワーク機器にはたくさんのケーブルが接続されるため、ネットワーク機器に搭載されているポート数が多ければ多いほど物理的に多くのスペースが必要となり、結果的にユニット数が多くなっていきます。

　ネットワーク機器には、ルーター、L2スイッチ、L3スイッチ、L4スイッチ、L7スイッチなどがあります。

SECTION-17

# ネットワーク機器を選ぶ

ネットワークを構築するためにはネットワーク機器が必要となります。ネットワーク機器にはルーターやスイッチなど、さまざまなものがあるので違いを押さえておきましょう。

●ネットワーク機器の例（By Patrick Finnegan）

https://www.flickr.com/photos/vax-o-matic/
2466495084/

### 🔷 ルーターの役割

ルーターは、受け取ったパケットを適切な経路に転送するネットワーク機器です。ルーターはネットワークを論理的に分ける機器ともいわれます。

●ルーターの役割

82

　インターネットは世界にまたがる1つの巨大なネットワークです。インターネットの中にはLAN(Local Area Network)と呼ばれる無数のローカルネットワークが存在し、LAN同士はルーターと呼ばれる機器を介してつながっています。LAN内からWAN(Wide Area Network)側に飛び出すIPパケットが発生した場合は、ルーターを通して他のLANのルーターにIPパケットが引き渡されていく(ルーティングと呼ぶ)ことで通信が行われます。

　このことは飛行機を考えるとわかりやすいかもしれません。IPパケットがWANに飛び出すというのは、IPパケットが海外旅行するようなものです。海外旅行する際には空港に行って国際線の飛行機に乗ります。ここでいう空港に相当するのがルーターです。空港に行かないと飛行機に乗って海外に行けないように、IPパケットもルーターを通らないとLANの外部に飛び出すことができません。

　ルーターの仕組みは次の通りです。ルーターがパケットを受け取ると、ルーターはパケットに書かれている宛先となるIPアドレスを見てパケットを適切なルートに転送(ルーティング)します。ルーターが転送先を決める際は、ルーター内にあらかじめ設定されたルーティングテーブル(宛先情報)が参照されます。宛先となるIPアドレスが含まれるネットワークアドレスやIPアドレスがルーティングテーブルに含まれる場合は、ルーティングテーブルに沿ってパケットを転送します。しかし、ルーティングテーブルに該当のルートが存在しない場合は、すべてデフォルトゲートウェイに転送します。

◉ルーターの仕組み

ルーティングテーブル

宛先が xxx ならルーター A へ

宛先が yyy ならルーター B へ

それ以外なら
デフォルトゲートウェイへ

宛先 xxx
パケット

宛先 xxx
パケット

ルーター A

宛先 yyy
パケット

ルーター

ルーター B

宛先 nnn
パケット

宛先 zzz
パケット

デフォルトゲートウェイ

　ルーティングテーブルを管理する手法には、スタティックルーティングとダイナミックルーティングが存在します。

　スタティックルーティングとは、ルーターに経路情報を手動で登録していく方法です。ほとんどの企業では外部ルーターとの接続がISP（Internet Service Provider）やデータセンター内のルーターのみと思われます。このように通信経路が限定される場合はスタティックルーティングが最適です。

　一方、ダイナミックルーティングとは、近隣のルーターと通信してルーター同士で経路情報を自動的に更新する方法です。ダイナミックルーティングでは「RIP（Routing Information Protocol）」「OSPF（Open Shortest Path First）」「BGP（Border Gateway Protocol）」などのルーティングプロトコルが用いられます。ISPのような外部ルーターとの接続が頻繁に変化するような場合はダイナミックルーティングが最適です。

### 🔹 ルーターを選ぶポイント

　ルーターを選ぶ際のポイントは5つです。

### ◆ISPやデータセンターなど、ルーターを接続する先から提供される上位回線のインターフェイスと一致したWAN側インターフェイスを持つこと

　たとえば、上位回線が1000BASE-TインターフェイスならルーターのWAN側インターフェイスも1000BASE-Tを、1000BASE-SXなら1000BASE-SXにしなければなりません。こちらは上位回線の担当者に一度、問い合わせてみる必要がありますが、大抵は利用者側の要望に合わせてくれます。

### ◆WAN側での通信帯域

　WAN側の通信帯域を満たすWAN側のインターフェイスを選定します。

### ◆スループット

　スループットとは、単位時間当たりのデータ転送量を指します。ルーターにどの程度の転送速度を求めるか。通信量が多いようであればスループットの高い高速なルーターの導入が必要ですが、通信量があまり多くないようであればスループットの低い安価なルーターでも充分です。

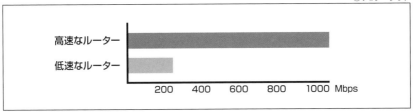
◉ スループット

高速なルーター
低速なルーター

200　400　600　800　1000 Mbps

## ◆ セキュリティ機能をルーターにも求めるか

　ルーターの本来の役割はパケットを他のネットワークにルーティングすることですが、ルーター機器によってはセキュリティ機能も搭載されている場合があります。ここでのセキュリティ機能とは、たとえば、特定IPアドレスやTCP/UDPポート番号以外の通信を遮断するフィルタリング機能などがあります。

　小規模の環境においては費用対効果的にルーターのセキュリティ機能に頼ってもよいかもしれませんが、中規模以上の環境ではルーティング機能とセキュリティ機能を物理的に分離することが推奨されます。なぜなら、ルーティング量が増えてくるか、もしくはセキュリティフィルタリングルールが増えてきた場合に上位機種へ入れ替えを検討する必要がありますが、両方の機能が混在していると片方の機能でのみ入れ替えが必要になったとしても両方一緒に入れ替えを行う必要があるためです。また、ルーティング要件やセキュリティ要件が高度化したときにネットワーク構成変更を行う必要がありますが、両方の機能が混在しているとネットワーク構成変更が困難になります。

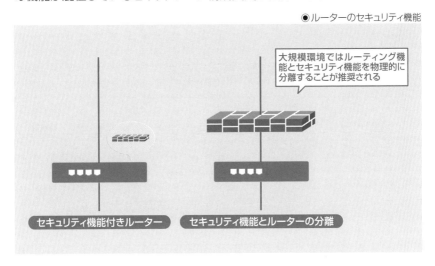
◉ルーターのセキュリティ機能

大規模環境ではルーティング機能とセキュリティ機能を物理的に分離することが推奨される

セキュリティ機能付きルーター　　セキュリティ機能とルーターの分離

◆ 導入コスト

　ルーターの価格を決める重要な要素の1つにスループットがあります。たとえば、1Gbpsのインターフェイスを持つルーターがあるとして、高価なルーターだと1Gbpsに近いスループットが出ますが、安価なルーターだとその半分以下しか出ないということもあります。

## 🔷 L2/L3スイッチの役割

　L2スイッチとは、いわば業務用のスイッチングHUBです。L2スイッチにフレーム（L2スイッチではパケットではなくてフレームと呼ぶ）が入ってくると、L2スイッチは宛先となるMACアドレスを見て適切なポートにフレームを転送（スイッチング）します。L2スイッチ内に書かれているMACアドレステーブル（宛先情報）に該当するMACアドレスが存在しない場合はLAN内全体にブロードキャストを飛ばし、応答があったポートに転送します。

　それに対してL3スイッチとは、いわばルーター機能付きのL2スイッチです。ネットワーク上を流れるパケットが入ってくると、L3スイッチは宛先となるIPアドレスを見て適切なポートにパケットを転送（ルーティング）します。L3スイッチ内に書かれているルーティングテーブルに該当するIPアドレス、もしくはネットワークアドレスが存在しない場合は、デフォルトゲートウェイにつながるポートに転送します。

●UTPポートを搭載したスイッチの例（写真提供:アライドテレシス株式会社）

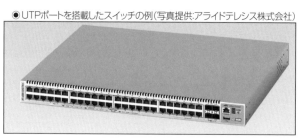

●SFPスロットを搭載したスイッチの例（写真提供:アライドテレシス株式会社）

## 🔹 L2/L3スイッチを選ぶポイント

L2/L3スイッチを買う際のポイントは4つです。

### ◆ インターフェイスの速度とポート数

まずは最低限必要なインターフェイスの速度とポート数を確保できることを確認します。

### ◆ インテリジェント or ノンインテリジェント

インテリジェントスイッチの場合、スイッチにsshやtelnet接続、コンソールケーブルを連結してシリアルポートに接続、もしくはWeb接続することで、各ポートの設定を変更することや、各ポートのステータスや通信量を確認することができるようになります。たとえば、特定ポートだけVLANを設定したいなどの場合はインテリジェントスイッチが必要になります。逆に、単にサーバーがネットワークにつなげるようにすればいいというだけであれば、ノンインテリジェントスイッチでも充分です。

●スイッチにtelnet接続した例

```
Switch# show interfaces status

Port    Name    Status      Vlan      Duplex  Speed  Type
Gi0/1   Int-1   connected   1         a-full  a-100  10/100/1000Base TX
Gi0/2   Int-2   connected   1         auto    auto   10/100/1000Base TX
Gi0/3   Int-3   disabled    1         auto    auto   10/100/1000Base TX
Gi0/4   Int-4   notconnect  1         auto    auto   10/100/1000Base TX
Gi0/5   Int-5   notconnect  routed    auto    auto   10/100/1000Base TX
Gi0/6   Int-6   notconnect  routed    auto    auto   10/100/1000Base TX
Gi0/7   Int-7   notconnect  1         auto    auto   10/100/1000Base TX
```

### ◆ スイッチング能力とスイッチング容量

スイッチの最も重要な役割は大量の通信を速く取りこぼしなく転送することです。スイッチング能力とスイッチング容量を把握することでスイッチの性能を判断することができます。

#### ● スイッチング能力

スイッチを行う速さを示す単位としてpps（Packet Per Second）があります。これは1秒間のうちのどの程度のパケットを処理できるかを示します。

### ● スイッチング容量

同時にスイッチを行うことのできる量を示す単位としてbps（Bit Per Second）があります。これは1秒間のうちのどの程度のバイト数を処理できるかを示します。

### ● ワイヤースピードとノンブロッキング

スイッチに搭載されている各ポートに対して理論上、最大の通信量が発生する状態のことをワイヤースピードと呼びます。

仮に1000BASE-Tインターフェイスが48ポート付いているL2スイッチがあるとします。このスイッチに対して全ポートにワイヤースピードで通信が発生すると、最大通信量は1,000,000,000bit × 48ポート × 2（双方向通信）＝ 96Gbpsとなります。この理論上の最大通信量をさばけることを特別にノンブロッキングと呼びます。

業務用スイッチにおいて、通信量が特に多い環境では、ワイヤースピード・ノンブロッキングスイッチであると安心です。

### ◆ ハードウェア処理 vs. ソフトウェア処理

使いたい機能がASICと呼ばれる専用チップを用いたハードウェア処理なのか、それともソフトウェア処理としてCPUが使われる処理なのかを区別する必要があります。通信量が小規模であればハードウェア処理であってもソフトウェア処理であっても大して違いは出ませんが、通信量が大規模の場合はソフトウェア処理によってCPU使用率が上がってスイッチング能力に影響を与える場合があります。ファイアウォール機能などの処理でソフトウェア処理が用いられている場合は、スイッチに付いているファイアウォール機能は使わず、別途、ファイアウォール専用機器を導入するのがよいでしょう。

## 🔹 L4/L7スイッチ（ロードバランサー）を選ぶ

　L4/L7スイッチとは、いわゆるロードバランサー（負荷分散機能）付きのL3スイッチです。L4スイッチは宛先となるVIPとTCP/UDPポートを見て適切なサーバーにパケットを転送します。それに対して、L7スイッチは宛先となるURLを見て適切なサーバーに転送します

　L4/L7スイッチの特徴は、負荷分散する際にサーバーの死活監視を行っている点にあります。L4スイッチの場合、サーバーのIPアドレスとTCP/UDPポートの組み合わせを一定間隔で監視し、TCP/UDPポートから応答がなくなるとそのTCP/UDPポートは機能を停止していると判断して一時的に負荷分散先から外します。同様にL7スイッチの場合も、特定URLを一定間隔で監視し、想定している応答が返ってこない場合に負荷分散先から外します。

　L4/L7スイッチを選定する際、L2/L3スイッチと同じベンダー製品にするとコマンド体系が共通しているので扱いやすくなります。

# ネットワークのトポロジー

ネットワーク設計は要件や環境によって無限に組み合わせがありますが、ここではそのうちよく採用されるいくつかのパターンを紹介します。

## 🧊 フロントエンド/バックエンド2階層構造

小中規模のITインフラでは、Webサーバーに代表されるフロントエンド層と、データベースサーバーに代表されるバックエンド層の2階層ネットワークがよく採用されます。

### ◆ フロントエンド層

フロントエンド層は、トポロジー的にインターネットから近いところに位置されます。サーバーにグローバルIPアドレスを付与してインターネットと直接、通信する場合と、L4スイッチを介してインターネットと通信する場合があります。

### ◆ バックエンド層

バックエンド層は、トポロジー的にインターネットから遠いところに位置されます。バックエンド層に置かれたサーバーにはフロントエンド層を経由してからでないとアクセスできないため、バックエンド層に置かれたサーバーは外部から直接、ハッキング(クラッキング)攻撃を受けないようになります。

●フロントエンド/バックエンド2階層モデル

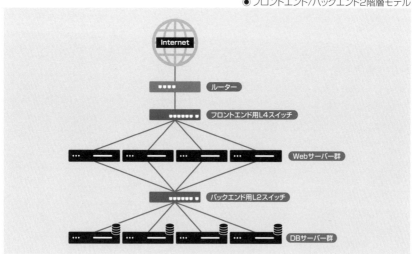

## 🔷 3階層構造

複数のサーバールームがある環境では、コア層/ディストリビューション層/アクセス層に分けます。

### ◆ コア層

コア層では、ディストリビューション層からの通信を集約してインターネットに接続します。基本的に1つのネットワークにコア層を1セット設置します。

### ◆ ディストリビューション層

ディストリビューション層では、アクセス層からの通信を集約してコア層に接続すること、および、アクセス層間の通信を中継します。たとえば、ビルのオフィスの場合、各フロアに1セットのディストリビューション層を配置します。

### ◆ アクセス層

アクセス層では、サーバーからの通信を集約してディストリビューション層に接続します。「フロントエンド/バックエンド2階層構造」で見られたWebサーバー群やデータベースサーバー群は通常、アクセス層に置かれます。

●3階層構造

91

## ネットワークファブリック構造

　サーバーやストレージの仮想化に続き、ネットワークの世界でも仮想化が活用されてきています。

　従来の3階層構造では、ネットワーク構成に合わせてサーバーやラックの物理配置を決める必要がありました。これは、最初にネットワーク構成が決められ、後はネットワーク構成の制約の中でサーバーやラックの物理配置を決定しなければならないことを意味します。

　しかし、サーバーの性能が上がっていることやサーバー仮想化の普及によって1台のサーバーからのトラフィック量が増え続けているなどの理由により、ネットワーク機器がボトルネックになる場面が年々増える傾向にあります。こういった状況に対応すべく、ネットワーク構成を物理的制約なしに論理的に柔軟に変化させたいというニーズが生まれました。

　このような経緯から、ネットワークファブリックという概念が登場しました。ネットワークファブリックとは、アクセス層のL2ネットワークを仮想化することで、物理的に異なるラックやスイッチを論理的に1つのネットワークとして見せる技術です。結果的にアクセス層に当たるL2ネットワークがフラット化します。

●ネットワークファブリック構造

コア層
(L3スイッチ)

ファブリック
ネットワーク層

　ネットワークファブリックの大きな利点として、サーバーをアクセス層のいずれのL2スイッチにも接続することが可能となります。この利点はサーバーやラックの物理配置の制約から解放されることを意味します。

● ネットワークファブリックではサーバーをどこに配置しても構わない

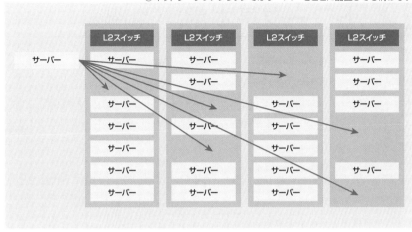

　ネットワークファブリックは今のところ規格が標準化されておらず、各ネットワーク機器ベンダーから固有な製品が出ている状況で、各社間の互換性はありません。また、ネットワークファブリックの呼び名についても各社で異なっています。

● ネットワークファブリックの呼び名

| ベンダー | 名称 |
|---|---|
| Cisco Systems社 | ユニファイドファブリック |
| ブロードゲート社 | インターネットファブリック |
| ジュニパー社 | データセンターファブリック |

# ネットワーク基本用語速習

　「ネットワークは何だか苦手」という声をよく聞きます。ネットワークを難しくしている大きな要因は、普段、ネットワークやネットワーク機器をブラックボックスとして扱い、特に中身は気にしないということが多いからと推測します。そこで、ここでは、これだけは押さえたいネットワーク基本用語をいくつか速習してみたいと思います。

## ◉ TCP/IP(Transmission Control Protocol/Internet Protocol)

　TCP/IPは、今日のインターネット上で一般的に用いられるプロトコルです。世界中でTCP/IPが標準的に使われていることで、我々はインターネットにつながっている世界中のコンピューターと容易に通信を行うことができます。

## ◉ OSI参照モデル

　OSI参照モデルとは、国際標準化機構(ISO)によって策定された、コンピューターの持つべき通信機能を階層構造に分割したモデルのことです。通信機能(通信プロトコル)を7つのレイヤー(層)に分けて定義しています。L2スイッチ、L3スイッチなどのL2、L3とはOSI参照モデルのレイヤーのことを指します。

●OSI参照モデル

| OSI 参照モデル | TCP/IP の階層 | プロトコル | | | | |
|---|---|---|---|---|---|---|
| 第7層 アプリケーション層 | アプリケーション層 | HTTP | SMTP | POP3 | FTP | … |
| 第6層 プレゼンテーション層 | | | | | | |
| 第5層 セッション層 | | | | | | |
| 第4層 トランスポート層 | トランスポート層 | TCP | | | UDP | |
| 第3層 ネットワーク層 | インターネット層 | | | IP | | ICMP |
| 第2層 データリンク層 | ネットワーク インターフェイス層 | ARP　RARP Ethemet | | | PPP | … |
| 第1層 物理層 | | | | | | |

## 🔷 TCPとUDP

　TCP(Transmission Control Protocol)はコネクション型プロトコルです。TCPは高品質な通信を実現するプロトコルといわれます。TCPではデータ送信が行われると、送信したパケットの順序と受信側で受け取るときの順序が異なった場合に順序を入れ替え、また、一部で送信エラーが発生した場合、データの再送などが行われます。こういった機能のおかげで、TCPでは送信元と受信先の間で確実な通信が保証されます。その代わり、TCP通信はオーバーヘッドが大きく、UDPに比べると遅くなります。TCPはWebやメールなど、確実に通信が行われる必要があるアプリケーションで用いられます。

　一方、UDP(User Datagram Protocol)はコネクションレスプロトコルです。UDPは低品質で高速なプロトコルといわれます。UDPではコネクションを張らず、送信元は受信先に一方的にデータを送りつけます。一方的に送りつけるわけなので、受信先がその情報を受け取る保証はなく、また、受け手側から情報を受け取ったという返答をする機能はプロトコルにはありません。UDPは音声通話や動画など、一部の情報が欠けても問題のないアプリケーションで用いられます。

## 🔷 3ウェイハンドシェイク / SYNとACK

　TCPコネクションを張る際、3ウェイハンドシェイクを行ってTCPコネクションを確立します。3ウェイハンドシェイクは送信元と受信側の間で、下図の要領でSYNとACKを投げ合うことで成立します。

●3ウェイハンドシェイク

CLOSED　　　　　　　　　　　　LISTEN
　　　　　　　　　　SYN
SYN_SENT
　　　　　　　　SYN+ACK
　　　　　　　　　　　　　　　SYN_RCV
ESTABLISHED　　　　ACK
　　　　　　　　　　　　　　　ESTABLISHED

UDPではコネクションレスプロトコルのため、3ウェイハンドシェイクを行いません。

## 🔹 スイッチングとルーティング

LANの中で、L2スイッチ(家庭用L2スイッチはスイッチングHUBと呼ばれる)を介した通信のことをスイッチングといいます。一方、ルーター、もしくはL3スイッチを介してLANとLANの間をまたいで通信することをルーティングといいます。

## 🔹 IPv4とIPv6

IPv4のIPアドレスは「172.16.5.21」のような表記をしていて、8bit × 4 = 32ビットで構成されています。32ビットというサイズは現代の世界規模で利用されているインターネット環境では充分ではなく、すでに日本ではIPアドレスの発行元であるJPNICのIPアドレスが枯渇したことで新規IPアドレスの払い出しが停止している状態です。

一方、IPv6のIPアドレスは「1951:ac65:aaaa:bbbb:cccc:0000:0000:0001」のような表記で、16bit × 8 = 128ビットで構成されています。

IPv6の場合、0は短縮や省略することが可能で、先ほどの例では「1951:ac65:aaaa:bbbb:cccc:0:0:1」や「1951:ac65:aaaa:bbbb:cccc:::1」とも表記が可能です。

## 🔹 ネットワークインターフェイスを束ねる

主要OSでは複数のネットワークインターフェイスを束ねて使うことができます。ネットワークインターフェイスを束ねると使える帯域が増え、かつ耐障害性が向上する効果が得られます。たとえば、1Gbpsのネットワークインターフェイスを2本で束ねた場合、2Gbpsの帯域を使えるようになります。また、片方のネットワークインターフェイスが故障しても、もう片方のネットワークインターフェイスで機能を継続する冗長化の役割も持たせることができます。

ネットワークインターフェイスを束ねる際は、複数のネットワークインターフェイスに同一のIPアドレスやMACアドレスを付与し、Active-Active、もしくはActive-Standby構成で通信を行う設定を行います。

ネットワークインターフェイスを束ねる機能には、ベンダーやOSによって名称が異なります。ここではよく使われるものを紹介します。

#### ◆ ボンディング（Bonding）

Linuxではボンディングという用語を使っています。

#### ◆ チーミング（Teaming）

複数のNICベンダーでは、チーミングという用語を使っています。

#### ◆ リンクアグリゲーション（Link Aggregation）

ネットワーク機器ではリンクアグリゲーションという用語を使う場合が多いです。

#### ◆ イーサチャネル（EtherChannel）

Cisco Systems社はイーサチャネルという用語を使っています。

#### ◆ ポートトランキング（Port Tranking）

アライドテレシス社はポートトランキングという用語を使っています。

●ネットワークインタフェースを束ねる

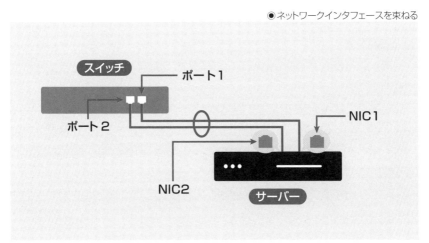

# インターネットとの接続

インターネットに接続するためには、ルーター、もしくはL3スイッチを外部ネットワーク回線に接続することが必要になります。

外部ネットワーク回線としては、自社でISP(Internet Service Provider)の回線を引き込むか、もしくはデータセンターが提供しているネットワークサービスを利用する方法があります。

小中規模の場合はデータセンターが提供しているネットワークサービスを利用するのが手軽で、かつ、コストメリットがありますが、大規模の場合は直接、回線を引き込むことによってコストメリットがあるだけでなく、サービスレベルを自社で管理できるといったメリットがあります。

インターネット回線費用の料金体系にはさまざまありますが、おおよそ、次のいずれかに分類されます。

## 🔷 固定課金

利用する帯域を10Mbpsや1Gbpsなどで固定し、毎月定額で支払う料金体系です。

契約帯域にはギャランティ型とベストエフォート型があります。ギャランティ型は「保証型」という意味で、契約した帯域まで利用できることが保証される契約形態です。それに対してベストエフォート型は「可能な限り努力する型」という意味で、契約した帯域まで利用できることが保証されない契約形態です。ベストエフォート型の場合は実効値がどの程度出るのか事前に確認しておくのがよいでしょう。

## 🔷 従量課金

ピーク課金と呼ばれる、月内にネットワーク帯域のピーク値を基準として課金額が決まる契約形態と、実際に流されたトラフィック量で課金額が決まる契約形態があります。

　前者は95%ルールと呼ばれる、月内の最大帯域の上位5%を省いて95%の部分を課金する月95%タイル帯域幅課金が採用されている場合が一般的です。1カ月のトラフィックデータを5分ごとに収集し、値が大きい順に並び替えた後、上位5%（約36時間分）を切り捨てた後のピーク値が採用されます。すなわち瞬間的にネットワーク帯域が跳ね上がったような場合は切り捨てられます。

　後者は、契約トラフィック量を置きその範囲内であれば定額だが、それを超えると利用量で従量課金される課金形態がよく見られます。

◉月95%タイル帯域幅課金

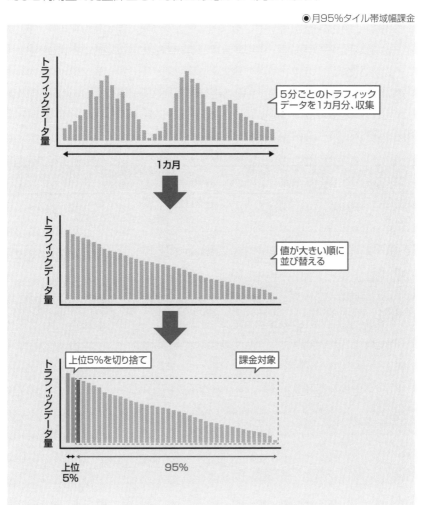

参考:https://www.idcf.jp/network/nw_connect/?cl=rd_1254#SECTION032466495084/

# ネットワークケーブル

　ネットワークを構築するときには大量のネットワークケーブルが用いられます。ここでは、ネットワーク配線に使われるケーブルについて記します。

## 🟦 LANケーブル

　LANケーブルは銅線(メタル線)で作られたケーブルです。しなやかで配線がしやすいのが特徴です。

　一般的に使われるLANケーブルは、UTPケーブル、ツイストペアケーブル、イーサネットケーブルなど、さまざまな呼び名があります。ここではLANケーブルと呼ぶことにします。

　市販されているケーブルの中には規格に準拠していない製品も紛れているので注意が必要です。特にCat 7以上でも規格外のRJ-45コネクターが採用されているケーブルをよく見かけます。

●LANケーブルの規格

| LANケーブルの種類 | 通信速度 | 対応インターフェイス | 伝送帯域 | ノイズ対策のシールド有無 | コネクター |
|---|---|---|---|---|---|
| Cat 5e | 1Gbps | 10BASE-T、100BASE-TX、1000BASE-T | 100MHz | なし(UTP) | RJ-45 |
| Cat 6 | | | 250MHz | | |
| Cat 6A | 10Gbps | 10BASE-T、100BASE-TX、1000BASE-T、10GBASE-T | 500MHz | あり(STP) | GG45、ARJ45もしくはTERA |
| Cat 7 | | | 600MHz | | |
| Cat 7A | | | 1000MHz | | |
| Cat 8.1 / 8.2 | 40Gbps | 10BASE-T、100BASE-TX、1000BASE-T、10GBASE-T、40GBASE-T | 2000MHz | | RJ-45(8.1) / GG45、ARJ45、もしくはTERA(8.2) |

●RJ-45コネクター(写真提供:サンワサプライ株式会社)

●TERAコネクター

出典:https://commons.wikimedia.org/wiki/
File:Tera_steckverbinder.JPG

### COLUMN
### LANケーブルの色分け

　LANケーブルにはさまざまな色が存在するので、うまく使い分けると便利です。よくある色分けには、たとえば、次のようなものがあります。

- 基幹系とそれ以外で色分けする。
- Webサーバーとデータベースサーバーで色分けする。
- グローバルIPアドレスとプライベートIPアドレスで色分けする。
- LANケーブルの種類で色分けする(CAT5e/CAT6/CAT6A/CAT7)。
- LANケーブルの長さで色分けする。

## 光ファイバーケーブル

光ファイバーケーブルは高純度のガラスやプラスチックなどで作られたケーブルです。電磁的なノイズの影響を受けにくく、長距離を安定的に伝送することができるのが特徴です。

ギガビットネットワークで使われる主な規格には、1000BASE-SX(Short eXchange)と1000BASE-LX(Long eXchange)があります。

10ギガビットネットワークとして使われる主な規格には、10GBASE-SR(Short Reach)や10GBASE-LR(Long Reach)などがあります。

光ファイバーケーブルとしてはマルチモードファイバ、もしくはシングルモードファイバが用いられます。マルチモードファイバは伝送距離が短いが安価なのに対して、シングルモードファイバは伝送距離が長いが高価です。

●光ファイバーケーブル(写真提供:サンワサプライ株式会社)

HKB-AM1SCSC1-01

●よく使われる光ファイバーケーブルの規格

| 規格 | 使用媒体 | 伝送距離 | 用途 |
|---|---|---|---|
| 1000BASE-SX | マルチモードファイバー | 550m | LAN |
| 1000BASE-LX | マルチモードファイバー | 550m | 構内配線 |
| | シングルモードファイバー | 5km | 構内配線、WAN |
| 10GBASE-SR | マルチモードファイバー | 300m | LAN |
| 10GBASE-LR | シングルモードファイバー | 10km | 構内配線、WAN |

光ファイバーケーブルの両端に付けられるコネクターにはさまざまな種類がありますが、一般的にはSCコネクターかLCコネクターが付いています。

　光ファイバーケーブル内は光信号で通信されますが、ネットワーク機器内部は電気信号で通信されるため、光信号と電気信号を変換するトランシーバが用いられます。

　LCコネクターでは、ギガビットネットワークではSFP（Small Form-Factor Pluggable）モジュールが、10ギガビットネットワークではSFP+モジュールと呼ばれるトランシーバーを使います[1]。なおSFP、SFP+モジュール共にホットプラグに対応しており、スイッチの電源が入っていても取り付けおよび取り外しができます。

　また、トランシーバーではありませんが、家庭で光回線を引くときに回線業者から提供される光回線の終端装置であるONU（Optical NetWork Unit）も光信号と電気信号を変換する機器の1つです。ONUには一般的にSCコネクター付きの光ファイバーケーブルで接続します。

◉コネクターとトランシーバモジュール

| コネクター | トランシーバモジュール | 用途 |
| --- | --- | --- |
| SCコネクター | GBIC | ギガビットネットワーク |
| LCコネクター | SFP | ギガビットネットワーク |
| | SFP+ | 10ギガビットネットワーク |

◉LCコネクター（左）とSCコネクター（右）（写真提供:サンワサプライ株式会社）

◉SFPモジュール（写真提供:StarTech.com）

出典:https://www.startech.com/

[1]：SCコネクターでも、以前GBIC（GigaBit Interface Converter）と呼ばれるトランシーバーが使われていましたが、現在は各ベンダーでのGBICの製造販売が終了しています。

　光ファイバーケーブルはここで紹介したもの以外にも多数の規格が存在します。10Gbpsを超えるものとしては、40Gbps、100Gbpsに対応した規格なども存在します。

## COLUMN
## 10GBASE-SFP+ケーブル

　一見すると光ファイバーケーブルと見間違えそうですが、実際は銅線のケーブルが存在します。両端がSFP+コネクターでケーブルが銅線であることが特徴です。光ファイバーケーブルと比べてかなり安価であり、ラック内および隣接するラック間で接続する用途でよく使われます。

　呼称はベンダーによってさまざまです。

- 10GBASE-SFP+ケーブル
- 10GBASE-CU SFP+ケーブル
- Twinaxケーブル
- 10G SFP+ DACケーブル
- ダイレクトアタッチケーブル

　10GBASE-SFP+ケーブルにはパッシブケーブルとアクティブケーブルが存在します。パッシブケーブルは長さがおおよそ5m以下のもの、アクティブケーブルは長さがそれ以上のものです。

◉Twinaxケーブル（写真提供:StarTech.com）

出典:https://www.startech.com/

# CHAPTER
# 05
# ストレージ

### ▶▶▶ 本章の概要

　ストレージはさまざまな方向に進化し続けています。

　まずはストレージの大容量化です。ディスク1本に数TBもの情報が記録できるようになっただけでなく、サーバーや外部ストレージの筐体内にたくさんの本数のディスクが搭載できるようになりました。

　2番目はストレージの高速化です。年々ディスクやインターフェイスが高速化しています。

　そして3番目はストレージの高度化です。シンプロビジョニング、自動階層化、デデュープ、スナップショットなどといった機能の登場により、物理ディスクの効率利用、データの用途に合わせて高価・高速なディスクと安価・低速なディスクに自動振り分け、バックアップ時の物理ディスク容量節約とバックアップ高速化、そしてファイルシステムの瞬間的な保持を実現しています。

　本章ではストレージを選定する際に知っておくべきことをまとめました。

# ストレージ

　データを記憶する装置のことをストレージと呼びます。ストレージには、サーバー内部の記憶領域であるローカルストレージと、サーバー外の記憶領域として外部ストレージがあります。

●ストレージ機器の例（製品名:Dell PowerStore 500T、写真提供:デル・テクノロジーズ株式会社）

## 🔹 ローカルストレージ

　ローカルストレージとは、サーバー内に搭載しているディスクのことです。ローカルストレージは外部ストレージと比べて設置場所がコンパクトに収まります。

## 🔹 外部ストレージ

　外部ストレージとは、サーバーに接続して使う外部記憶装置のことです。外部ストレージを複数台、連結して接続することで記憶領域の拡張が可能です。

　外部ストレージには4つの形態があります。

### ◆ DAS（Direct Attached Storage）

　DASはサーバーに直結するストレージ機器です。DASを用いるとローカルストレージだけでは必要容量が足りない場合にディスク容量を増やすことができます。また、DASにはたくさんのディスク本数を搭載できることから、ストライピング数の多いRAID構成にすることでディスクI/O性能を大幅に高めることができます。

　OS上では、DAS上に生成した論理ドライブが内蔵ディスクの論理ドライブと同じように認識されます。よって、OSからはDASも内蔵ディスクも区別なく、同じ要領で扱うことができます。

●Linux上で見た内蔵ディスクとDASの論理ドライブ情報

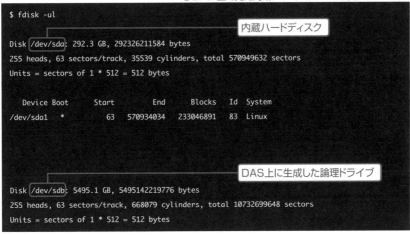

```
$ fdisk -ul
```

内蔵ハードディスク

```
Disk /dev/sda: 292.3 GB, 292326211584 bytes
255 heads, 63 sectors/track, 35539 cylinders, total 570949632 sectors
Units = sectors of 1 * 512 = 512 bytes


   Device Boot      Start         End      Blocks   Id  System
/dev/sda1   *          63   570934034   233046891   83  Linux
```

DAS上に生成した論理ドライブ

```
Disk /dev/sdb: 5495.1 GB, 5495142219776 bytes
255 heads, 63 sectors/track, 668079 cylinders, total 10732699648 sectors
Units = sectors of 1 * 512 = 512 bytes
```

　サーバーとDASとを接続するためにはHBA（Host Bus Adapter）ボードかRAIDコントローラーボードが必要です。HBAボードにはRAID構成を管理する機能がないので、RAID構成を管理したい場合はRAIDコントローラーボードを用います。

●RAID構成の管理を行う部分

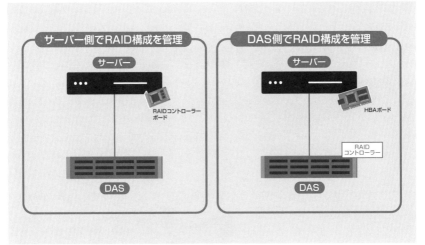

　DASを選ぶ際は、必要な実容量、パフォーマンス、耐障害性、および、拡張性を考えます。

　特にDASにディスクが何本搭載できるかは、非常に重要な選定条件の1つです。

　2.5インチディスクと3.5インチディスクのいずれかが選べる筐体（エンクロージャー）の場合、2.5インチの方がより多くの本数を搭載できる場合が多いです。

　下記の写真では、3.5インチディスク用の筐体が28本搭載できるのに対して2.5インチディスク用の筐体では60本と、2倍強のディスク本数が搭載可能となっています。

　ただしハードディスクに限れば、2.5インチディスクよりも3.5インチディスクの方が最大記憶容量が大きいことが多いため、大容量が要求される環境では3.5インチディスクを選定する場面が多くなります。

●DASに3.5インチディスクと2.5インチディスクを搭載したときの搭載可能数の違い
　（製品名:HPE Apollo 4200 Gen10 Plusシステム、写真提供:Hewlett Packard Enterprise（HPE））

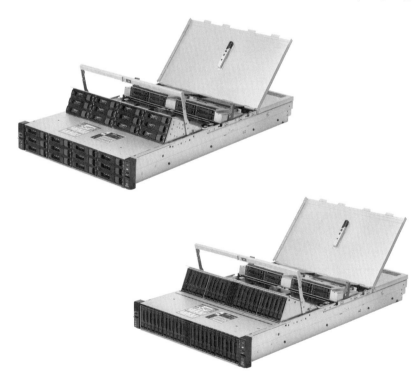

　また、DAS筐体を数珠つなぎ（デイジーチェーン）することで容量拡張できるタイプの製品があります。将来、実容量を増やす可能性があるのであれば、拡張性も考慮するとよいでしょう。

　ただ、年々、ディスクが大容量化してきていることに加え、ラックマウント型サーバーに搭載できるディスクの本数が増えてきているため、外付けストレージとしてのDASを使わずともローカルストレージだけで必要容量を満たすような場面が増えています。DASを使わない場合は機器の購入費用が節約できるだけでなく、搭載すべき機器が減るので、データセンターのラックが節約できてランニングコストを大きく節約できます。

### ◆ NAS（Network Attached Storage）

　NASはLANなどのネットワーク上に置き、複数のサーバーからアクセスする用途で用いられるストレージです。複数のサーバー間で同じデータを共有する場合や、複数のサーバーで発生するバックアップやログファイルを1カ所にまとめる用途などによく使われます。

　サーバーとNAS間ではNFS、SMB/CIFS、もしくはAFPといったプロトコルで通信を行います。たとえばWindows PCからであれば、NAS上に作成したボリュームを共有フォルダの感覚で扱うことができます。

●NAS

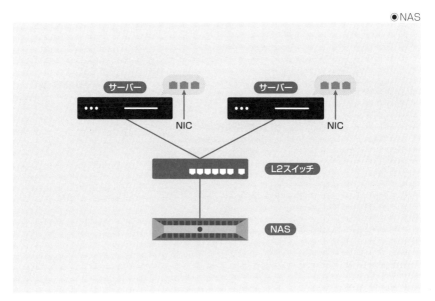

#### ◆ SAN(Storage Area Network)

　SANはブロックレベルのデータストレージ専用ネットワークです。高速・高品質な環境を求める環境に用いられます。

　SANには、FC-SANとIP-SANがあります。

#### ● FC-SAN(Fibre Channel SAN)

　FC-SANは、ファイバチャネル基盤で構築された高速・高品質なストレージ専用ネットワークです。FC-SAN環境は基幹系データベースなど、特に重要なデータを扱う環境で用いられます。

　FC-SANでは各装置を光ファイバーケーブルで接続します。HBAボードを搭載したサーバーとSANストレージとはSANスイッチを間に挟んで接続するのが一般的ですが、SANスイッチを挟まず直接接続することも可能です。

　FC-SANはエンタープライズ用途で使われる業務用機器のため、高速・高品質な通信を実現しますが、概して高価です。

●FC-SAN

● IP-SAN(Internet Protocol SAN)

IP-SANは、通信部分にイーサネットを用いたストレージのことで、一般的にiSCSIストレージと呼ばれます。

iSCSIとは、サーバーとストレージの通信に使うSCSIプロトコルのコマンドをIPネットワーク経由で送受信するためのプロトコルのことです。iSCSIストレージは、このiSCSIプロトコルを扱うストレージのことを指します。

サーバーとiSCSIストレージはいずれもL2/L3スイッチなどに接続して利用します。一般的なネットワークスイッチを用いるので、FC-SANと比べて安価に構築が可能です。

IP-SANは高価なFC-SANを使うほどではないが、ある程度重要なデータを保持する場合に使われます。仮想化環境でのストレージなどでの利用事例も多いです。

● IP-SAN

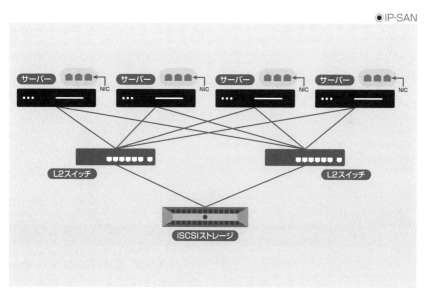

01
02
03
04
**05**
ストレージ
06
07
08
09
10
11
12
13

● オブジェクトストレージ

オブジェクトストレージはネットワーク経由で複数のサーバーからアクセス可能なストレージです。NASと違うのはHTTP/HTTPSリクエストでREST API（Representational State Transfer API）をコールしてデータを読み書きするという点です。

オブジェクトストレージにはHTTP/HTTPSで通信することから、インターネット上に置かれるストレージと親和性が高く、AWSのAmazon S3など、クラウドサービスのストレージでもよく利用されています。

NASではデータをファイル単位で扱うのに対して、オブジェクトストレージではデータをオブジェクトという単位で扱います。各オブジェクトはデータとメタデータと呼ばれる属性情報で構成され、オブジェクトごとに固有のID（URI）が付与されます。なお、オブジェクトには階層構造がないので、ファイルシステムでいうフォルダのような概念はありません。

オブジェクトストレージはスケールアウト可能な分散ストレージという特徴もあります。ストレージを足すことでオンラインで容量を追加することができます。またオブジェクトを異なったストレージに複数持たせることで冗長化も可能です。

01
02
03
04
**05**
ストレージ
06
07
08
09
10
11
12
13

## COLUMN
## ユニファイドストレージ

ユニファイドストレージは、NASとしてもSANとしても使える汎用ストレージです。NASとSANが混在している環境でストレージ統合するなどの用途で有効に活用することができます。

NASとSANの本質的な違いは、サーバーとストレージ間の通信プロトコルと、ネットワークに物理的に接続するインターフェイスの違いです。ユニファイドストレージでは、NASとSANの通信プロトコルと物理インターフェイスのいずれにも対応させることで、NASとしてもSANとしても使うことができます。

**COLUMN**

**キャッシュメモリ**

　ストレージは外部記憶装置や補助記憶装置とも呼ばれ、主記憶装置と呼ばれるメモリと比べると読み書き(I/O, Input/Output)が桁違いに遅いです。そこでストレージの応答速度を向上させる目的で、ストレージ内もしくはHBAボードやRAIDコントローラーボード内にキャッシュメモリが用いられます。

　OSからストレージにデータ書き込み要求が行われる場合、ストレージ側ではいきなりディスクにデータを書き込まず、一旦キャッシュメモリにデータが置かれます。この段階でストレージ側からOSに対して書き込み完了の応答を返し、その後ストレージ側ではキャッシュメモリからディスクに徐々にデータを書き込んでいきます。このようにすることで、OSとしてはディスク書き込み完了まで待たされることなくなります。

　逆にOSからデータ読み込み要求が行われる場合、キャッシュメモリ上にデータが乗っている場合はディスクにアクセスすることなくキャッシュメモリから要求されたデータを取り出して即座に応答します。もしキャッシュメモリ上にデータが乗っていなければ、その時初めてディスクからデータを読み出し応答します。その際、読み出したデータは破棄せず一時的にキャッシュメモリに保持します。

　なお、ハイエンドストレージで用いられるキャッシュメモリは高速であるものの高価なので搭載容量を注意深く決める必要があります。

## ● RAIDとホットスペア

ストレージ機器では筐体内にたくさんのディスクを搭載できるよう設計されています。そして、筐体内に搭載した複数のディスクでRAID構成を組み、大きな仮想ディスク領域として使うことが一般的です。この仮想ディスク領域のことをRAIDグループと呼びます。また、RAIDグループをOSやアプリケーションからアクセスできるようにしたものをRAIDボリュームと呼びます。

RAID1、5、6などの冗長化構成を持つRAIDレベルで構成されたRAIDグループであれば、ディスクの1つが故障してもすぐにはサービスに影響しません。故障したディスクを取り外して新しいディスクに交換するとRAIDが再構成（リビルド）され、RAIDグループが正常化します。

もし何らかの事情ですぐに故障したディスクを交換できない場合は、さらに他のディスクが故障してRAID構成が壊れてしまうかもしれないリスクが生じます。このような場合に備えて、ホットスペアを用いることが有効です。ホットスペアとは、他のディスクが壊れたときのために待機しているスタンバイディスクのことです。

ホットスペアがあれば、ディスクの故障が検知された段階でホットスペアがアクティブとなり、壊れたディスクの代わりにRAIDグループ内に組み込まれRAIDの再構成（リビルド）が自動的に開始されます。

ホットスペアがアクティブになると、壊れたディスクは故障ステータスとしてシステムから切り離されます。この状態で壊れたディスクを新しいディスクと交換すると今度はその新しいディスクがホットスペアとして待機されるようになります。

ホットスペアは何本でも割り当てが可能なので、たとえば、遠隔地にストレージが設置されていてハードディスクが故障してもなかなか壊れたハードディスクを交換しに行けないような場合は、ホットスペアの本数を多めに割り当てておくと安心です。

●ホットスペア

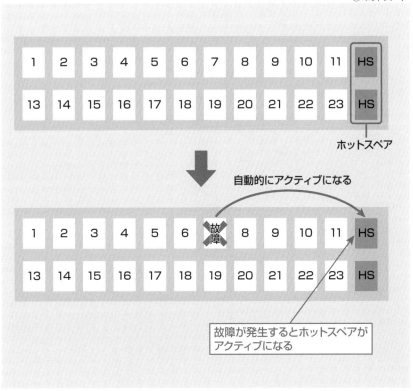

### SSDキャッシュ

　ストレージ機器にハードディスクが使われている場合、高価なキャッシュメモリではなくてSSDがキャッシュ用途で使われる場合もあります。ただしSSDキャッシュ機能を搭載したストレージ機器でのみ有効です。

## COLUMN
### 家庭用ストレージと業務用ストレージの違い

　家庭でもNASなどのストレージ機器が気軽に活用される時代になりました。家庭用ストレージは、Linuxベースの筐体に家庭用SATAハードディスクを搭載し、OSのソフトウェアRAID機能を使ってRAIDを実現させたようなタイプのものが多いです。安価なパーツを使って必要最小限の機能に絞って作られているため、個人でも気軽に買える値段が実現されています。

　それに対して業務用ストレージは高速で壊れにくく、また、壊れてもサービスを止めずに早期に復旧できるようなさまざまな仕組みが取り入れられています。家庭用ストレージと業務用ストレージでは価格が1桁から2桁ほど違ってきますが、24時間365日使い続ける用途であれば、業務用ストレージを使うことを強くおすすめします。

# 外部ストレージの利用

外部ストレージを導入する動機としては、次の4つが挙げられます。

- 記憶領域を大きく取りたい
- ディスクI/O性能の向上
- ストレージの統合・集中管理
- 複数サーバー間でのデータ共有

## 記憶領域を大きく取りたい

データ量が多くてサーバーが持つローカルストレージの記憶容量で不充分な場合は、記憶領域の確保を外部ストレージに委ねることが可能です。

●記憶領域を大きく取りたい

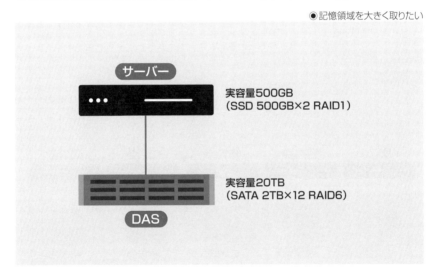

サーバー

実容量500GB
(SSD 500GB×2 RAID1)

実容量20TB
(SATA 2TB×12 RAID6)

DAS

## ディスクI/O性能の向上

ローカルストレージのディスクI/O性能が不充分な場合、外部ストレージを使うことでディスクI/O性能の向上が可能です。

次ページの図の場合、実容量3TBを実現するためにストライピング本数を10セットとしています。この場合、3TBのハードディスクを1本使って3TBの実容量を確保するのと比較して、理論上、10倍のディスクI/O性能を実現します。

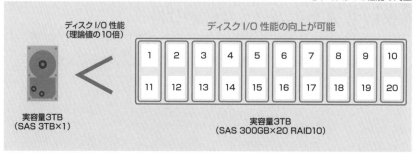

●ディスクI/O性能の向上

## ストレージの統合・集中管理

　サーバーごとに重要なデータが分散されていると、ストレージの管理が難しくなります。また、複数のストレージが存在すると、ストレージごとに少しずつ余剰な記憶領域が発生し、すべて合わさると相当な量の未使用記憶領域が生じることになります。そこで統合ストレージとして複数のストレージを集約することで運用コストを下げ、かつ、記憶領域を無駄なく有効に活用することができます。

●ストレージごとに余っている領域が生じる

統合ストレージでは、物理ストレージを増設することで容易に記憶領域を増やすことができます。

◉ ストレージの集中管理

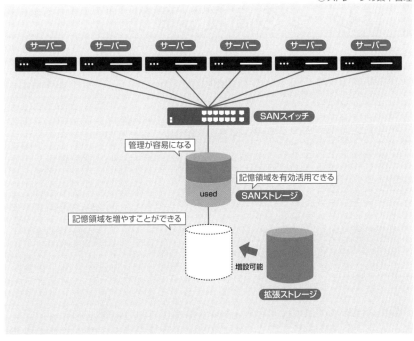

## 複数サーバー間でのデータ共有

　複数サーバー間で同一のデータやソースコードを読み書きできるようにしたい、もしくはデータベースのクラスタリング環境でいずれのサーバーからも同一データにアクセスできるようにしたいといった場合は、NASを用いることで容易に実現可能です。

# ストレージの高度な機能

ストレージの重要度が高まるにつれて、ストレージ運用にまつわる実用上の諸問題を解決すべくストレージが進化してきています。ここでは比較的新しいストレージの機能をいくつかご紹介します。

## 🔹 シンプロビジョニング（Thin Provisioning）

シンプロビジョニングは、物理ストレージ容量よりも多くの論理ボリュームを割り当てることができるようにする機能です。

●シンプロビジョニング

| 論理ボリューム | 論理ボリューム | 論理ボリューム | 論理ボリューム |
|---|---|---|---|
| 物理ストレージ容量 | | | |

仮想ストレージを用いると任意の容量で論理ボリュームを割り当てることができますが、通常は物理ストレージ容量を上限として割り当てが可能となります。

論理ボリュームを割り当てる際は容量不足による障害が起きないように安全を見て実際に使う容量よりも大きめの容量で割り当てることが多くなりますが、たくさんの論理ボリュームを作ると各々の論理ボリュームで余裕を持って確保された容量分が積もり積もることになり、無駄な投資が生じます。

このような場合はシンプロビジョニングを用いることで、割り当てた容量分の物理ストレージを丸々用意するのではなく、実際に必要な物理ストレージのみ用意するということが可能となり、投資コストを必要最小限に抑えることができます。

シンプロビジョニングは、仮想サーバー環境のようにゲストOSごとに論理ボリュームを作成するような環境では特に有効な機能となります。

## 🔹 自動階層化

自動階層化は、異なる性能のディスクを組み合わせながら、利用頻度の高いデータは高価で高速なデバイスに、利用頻度の低いデータは安価で低速なデバイスに自動的に保存することを実現する機能です。

さまざまな階層に自動的に保存される手法としては、あらかじめ特定ルールを設定しておく方法や、各ファイルの利用状況をストレージが自ら判断して自動的に適切な階層に移動させる方法など、ストレージ製品によってさまざまな実装が存在します。

●自動階層化

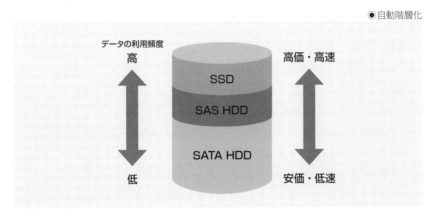

## デデュープ（De-duplication）

デデュープは、ストレージのバックアップを取るとき、先に保存されているデータがあったらそのデータのコピーを行わないことで保存領域の節約をすることができる機能です。なお、デデュープは重複除外機能とも呼ばれます。

数世代のバックアップを取るような環境においては、ほとんどの場合が重複データとなります。そういった重複部分を除外できれば、物理ストレージ容量がかなり節約できるだけでなく、バックアップ時間も短縮できるようになります。

●デデュープ

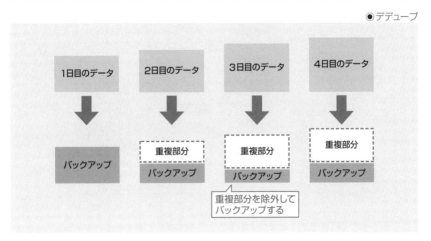

　また、デデュープを実現している製品のほとんどで、重複除外の機能に加えて、データ圧縮機能が搭載されています。重複除外とデータ圧縮機能によって、すべてのデータをそのままコピーするバックアップ方式と比べて相当量の保存領域を節約することができます。

### 🧊 スナップショット

　スナップショットは、ある瞬間のファイルシステムの静止点を瞬間的に保持しておくことを可能とする機能です。

　スナップショットを実現するために一般的に用いられる実装は、ファイルの更新が発生する度に更新履歴とともに更新前のファイルをスナップショット用ストレージ領域に追記していくというものです。つまり、スナップショットといってもその時点でのすべてのファイルを別のディスクにコピーするわけではなく、更新履歴情報を管理することで、その時点でのファイルシステムの状況を復元できる機能となります。この実装方法のおかげで、瞬間的にスナップショットを保持することが可能となります。

●スナップショット

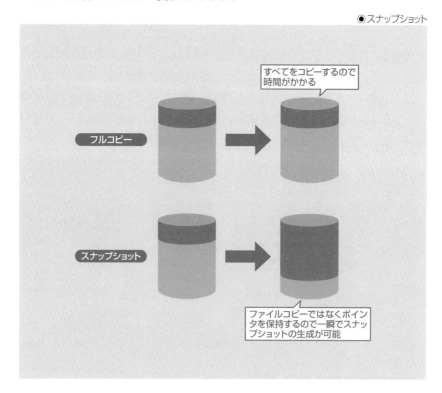

# バックアップ

　万が一何らかの原因でデータが消失してもデータの復旧を行えるように
データのコピーを別のメディアやデバイスに保存することをバックアップと呼
びます。ディスク故障などの障害でデータが消失することもあれば、ランサム
ウェア[1]感染によりデータが読めなくなることもあります。こういった不慮の
事態に備えるためにも定期的にバックアップを取ることは重要です。

　バックアップの保存先はさまざまです。バックアップソフトウェア上でバック
アップ先を指定する場合、内蔵ストレージ、SAN、NAS、テープデバイス、ク
ラウドなどさまざまな保存先を選ぶことができます。

　ここでは、バックアップ用デバイスとしてLTOとRDXを紹介します。

## ◆ LTO

　LTO(Linear Tape-Open)は比較的大容量データがある環境でのバック
アップやアーカイブに用いられるテープドライブ規格です。データ圧縮機能を
有効にするとさらに大きな容量で保存できます。

　LTO-1からLTO-9まで製品化されており、カートリッジテープ1本でLTO-8
は最大12TB(圧縮時30TB)、LTO-9では最大18TB(圧縮時45TB)まで
保存が可能です。

　LTOにはSAS、FC、USBなどのインターフェイスが搭載されています。

　LTOデバイスには、LTOドライブが1台だけ搭載されているものから、数
台以上搭載されているものがあります。またデバイス内部でカートリッジテー
プを自動交換する機構を搭載しているものもあり、その場合は搭載されてい
るLTOドライブ数よりもはるかに多くのカートリッジテープを搭載できます。

　テープデバイスは、メディアとヘッドが接触した状態で記録再生を行うため、
適時ヘッドのクリーニングが必要です。この目的のためにクリーニングカート
リッジテープが用意されています。

　なお、LTOカートリッジの製造メーカーが年々減り続けており、執筆時点で
富士フイルム株式会社とソニーストレージメディアマニュファクチャリング株
式会社の2社しかLTOカートリッジを製造していません。

---

[1]：ランサムウェアとは、感染するとデータが勝手に暗号化され、ランサム(身代金)を支払わないとデータの復元が行え
　　ない不正ソフトウェアのことを指します。

●LTO（写真提供：富士フイルム株式会社）

### ◆RDX

　RDX（Removable Disk Exchange system）は、LTOと比べて比較的データが少ない用途でのバックアップやアーカイブに用いられる、ハードディスクやSSDをカートリッジ内に収めて取り外しや交換可能にした補助記憶媒体です。

　RDXにはUSBやSATAなどのインターフェイスが搭載されています。

　家庭でもよく使われれるUSB接続するタイプの外付けハードディスクドライブと似ていますが、落下や衝撃に強いカートリッジに収められている点が異なります。カートリッジは共通規格化されているため、どのメーカーのRDXデバイスとRDXカートリッジの組み合わせでも利用が可能です。

　RDXは、すでに全メーカーで製造が終了しているテープメディアであるDAT（Digital Audio Tape）/DDS（Digital Data Storage）の代替としての利用が各ベンダーより推奨されています。

●RDXドライブの例（製品名：Dell PowerVault RD1000、写真提供：デル・テクノロジーズ株式会社）

# CHAPTER
# 06
# サーバー仮想化

>>> **本章の概要**

　物理サーバーの高性能化に伴い、1台の物理サーバー上に複数のゲストOSを稼働させることでハードウェアリソースを余すことなく使うというアプローチが一般的になりました。

　本章ではサーバー仮想化技術の概要を説明し、かつ実際に導入する際どのように選定するか記します。

# サーバー仮想化

　仮想化の技術を使うと、1台の物理サーバー上に複数のゲストOSを稼働させることができます。これをサーバー仮想化と呼びます。

　仮想化環境では、物理サーバーが提供するCPU、メモリ、ネットワーク、ディスクといったハードウェアリソースを各ゲストOSに対して自由に割り当てます。複数のOSごとに物理サーバーを用意するのと比べて1台の物理サーバーのハードウェアリソースを最大限活用することができる仮想化は、うまく使えば大幅なコストダウンにつなげることができます。

## 🔹 物理サーバーと仮想サーバーの特性

　物理サーバーと仮想サーバーの特性は、次の通りです。

### ◆ 物理サーバー

　CPU使用率、ディスクI/O負荷、もしくはディスク使用容量が大きい用途に向く。主な用途は、データベースサーバー、アプリケーションサーバーなど。

### ◆ 仮想サーバー

　CPU使用率、ディスクI/O負荷、および、ディスク使用容量が小さい用途に向く。仮想サーバーの主な用途は、Webサーバー、開発サーバー、メモリDBなど。

## 🔹 物理サーバーを仮想化する場合のメリットとデメリット

　物理サーバーを仮想化する場合のメリットとデメリットを記します。

### ◆ メリット

　物理サーバーを仮想化する場合のメリットは、次の通りです。

- コストダウンが可能。
- ゲストOSのハードウェアリソース増減を容易に行える。
- 物理サーバーの場合、ハードウェアが老朽化するので一定期間が経過した後でハードウェア交換が必要になるが、仮想サーバーであれば他の新しい物理サーバーに仮想化環境を用意し、そちらに簡単に移行ができる。

#### ◆ デメリット

物理サーバーを仮想化する場合のデメリットは、次の通りです。

- 一部のゲストOSが大量のハードウェアリソースを使うと、他のゲストOSの動作が不安定になる場合がある。
- 一度作られたゲストOSがその後に使われなくなっても削除されずに残りがちとなる[1]。

### ▶ 仮想化モデル

仮想化を実現するには、各ハードウェアリソース、および、ゲストOSを管理するプログラムが必要となります。

WindowやLinuxといった一般的なOS上にゲストOSを管理するプログラムをインストールしてゲストOSを管理する方式をホストOS型と呼びます。ホストOS上で他のアプリケーションのように仮想化環境を扱うことができるので手軽な反面、ホストOSを間に挟む分、動作にオーバーヘッドを生み、動作速度が落ちる場合があります。

それに対し、ホストOSの代わりに仮想化専用OSを用いる方式をハイパーバイザー型と呼びます。ホストOS型のように間に挟むOSがないため、高速な動作が期待できます。

各個人が使うPC上で仮想化を実現する場合は比較的ホストOS型が採用されるのに対して、サーバー用途の場合はハイパーバイザー型が用いられることが多くなります。

● 仮想化モデルの比較

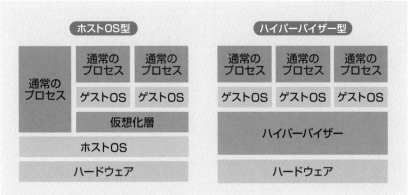

---

[1]：これは仮想化のデメリットというよりは管理の問題であり、物理サーバーでも撤去されずに残されるケースはあります。しかし、物理的に存在しているわけではないゲストOSの場合は物理サーバーよりも管理が行き届かない傾向があり、結果的に物理サーバーより未使用分が削除されずに残りやすいです。

## 🔷 仮想化環境の種類

サーバー仮想化を実現するさまざまな実装が存在しますが、ここでは現在、主流である商用ソフト2種類とオープンソース2種類をご紹介します。

ここで紹介する商用ソフトは、次の2つです。

- VMware vSphere(VMware社)
- Hyper-V(Microsoft社)

オープンソースは、次の2つです。

- KVM(Red Hat社)
- Xen(Linux Foundation)

## 🔷 VMware vSphere

VMware vSphereを提供しているVMware社は、仮想化業界でのリーダー的立場といえます。vSphereの製品の安定性と扱いやすさは業界内でもトップクラスといえます。

VMware社の製品は多岐に渡りますが、一般的な使い方の場合、ハイパーバイザーである「VMware vSphere」と統合管理ツールである「VMware vCenter Server」を購入することになります。「VMware vSphere」では、物理サーバーに搭載しているCPUの個数分のライセンス数が必要です。また、「VMware vCenter Server」では、管理サーバーの台数分のライセンス数が必要です。

URL https://www.vmware.com/jp/partners/directory.html

● VMwareを使う場合に購入が必要なライセンス数

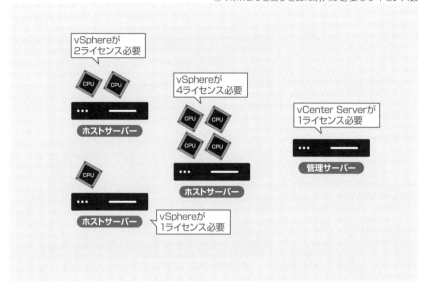

## ● Windows Server上のHyper-V

Hyper-Vは、Microsoft社が提供する仮想化ソリューションです。

Windows Serverでは、Datacenter Editionを導入してハイパーバイザーとして稼働させると、追加費用なしに無制限にWindows ServerをゲストOSとして稼働させる権利が与えられます。これは、Windows Serverを多数のゲストOSとして扱う環境であればあるほど、コストメリットが見込めることを意味します。

## ● Hyper-V Server

Hyper-Vには無償バージョンも存在します。Hyper-V Serverは、Windows Serverから仮想化の実行環境のみ抜き出して提供されています。GUI(Graphical User Interface)が提供されていないため、基本的にはコマンドシェル、および、PowerShellによるCLI(Command Line Interface)で管理を行う必要があります[2]。

Hyper-V ServerではWindows Serverと異なり、ゲストOSとして稼働させるWindows Serverのライセンスを別途、購入する必要があります。

---

[2]：クライアントPCを介してであれば、Hyper-Vマネージャーと呼ばれるツールを使うことで、GUI操作が可能です。

### 🗄 KVM(Kernel-BASEd Virtual Machine)

KVMはイスラエルのQumranet社にて開発されました。

KVMの公開はXenの3年後の2006年でしたが、発表されてわずか2カ月でLinuxカーネルにマージされ、2007年リリースのLinuxカーネル2.6.20で標準機能となりました。

2008年9月、Red Hat社はQumranet社の買収を完了しました。

### 🗄 Xen

Xenは、ケンブリッジ大学のComputer Laboratoryにおいて最初のバージョンが開発され、開発者らによってXenSource社が創業されました。

2007年10月25日、シトリックス・システムズはXenSource社を買収し、Xenプロジェクトを「http://www.xen.org/」に移動しました。

2013年4月15日、Linuxの普及推進や開発支援を行っている非営利団体「The Linux Foundation」はXen開発プロジェクトを、同団体が支援を行う「Collaborative Project」とすることを発表しました。現在、Amazon Web ServicesやCisco Systems、Googleといったでいった企業がXen Projectのサポートを表明しています。

Linuxカーネル3系ではXenのコードがマージされています。よって、3系以降ではLinuxカーネルを変更することなく、XenのホストOS/ゲストOSのいずれにも利用できるようになりました。

### 🗄 仮想化環境の選び方

仮想化環境を選ぶ場合は、実際の環境に合わせて判断してください。

### 🗄 VMware vs. Hyper-V

WindowsとLinuxが混在している環境ではVMwareを、Windowsが中心の環境ではHyper-Vを選択することが、コスト面でメリットがあります。

システムの安定性の観点では両製品ともにエンタープライズ用途が想定された製品であることから、比較的安定しているというのが著者の主観的な評価です。機能面においても両製品は競合関係ということもあり、重要な機能は両製品ともにサポートされる傾向にあるため、機能の差異でも選定の決め手になりにくいです。

　よって、両製品のいずれかを選定する際は、日常運用で発生するさまざまなオペレーションを洗い出し、実際に操作してみて使いやすい方を選ぶという方法をおすすめしたいと思います。

## ● KVM vs. Xen

　Linuxが中心の環境で、かつ初期導入コストをかけたくないという場合は、KVMかXenを選択するのは良い考えです。

　Red Hat Enterprise Linux(RHEL)を使う場合は、Red Hat社が全面的にサポートしているKVMを選ぶことが最善です。

　両製品とも、世界中で非常に多くの稼働実績があるため、システムの安定性や機能面はいずれも洗練されているといえます。

　よって、両製品のいずれかを選定する際は、実際に使ってみて使い勝手の良いと感じた方を選ぶという方法をおすすめしたいと思います。

# CHAPTER
# 07
## クラウド

>>> **本章の概要**

　クラウドコンピューティングは、一般的にインターネット経由で提供されるコンピューター資源を利用することと定義されています。

# クラウドの概要

　クラウドとは、物理サーバーやデータセンターなどの管理をクラウドベンダーに任せ、インターネット経由でサービスとして利用できるようにしたものを指します。

　これまで自前でインターネット向けサービスを提供しようとする場合は、データセンターを借り、サーバーやネットワーク機器などを買ってきて配線を行って、というような物理作業が必要でした。クラウドを用いるとこれらの物理作業をすべてクラウド業者に任せて、コンピューターリソースを使った分だけ利用料金を支払うことで利用できるようになります。

## ◆ クラウドの勢力図

　世界的なクラウドのシェアとしては、本書の執筆時点でAWSとAzureだけで50%を超えます。それに次いでGoogle（Google Cloud Platform）、Alibaba、IBMなどが並びます。

●クラウドの世界シェア

**Cloud Provider Market Share Trend**
(IaaS, PaaS, Hosted Private Cloud)

Source: Synergy Research Group

出典:https://www.srgresearch.com/articles/as-quarterly-cloud-spending-jumps-to-over-50b-microsoft-looms-larger-in-amazons-rear-mirror

　一方、日本のクラウドのシェアは、AWS、Azureに次いで富士通（ニフクラ）、Google（Google Cloud Platform）と続きます。

●各国でのクラウドのシェア

| Cloud Services Leadership – APAC Region | | | | | | |
|---|---|---|---|---|---|---|
| Rank | Total Region | China | Japan | Rest of East Asia | South & Southeast | Oceania |
| Leader | **Amazon** | **Alibaba** | **Amazon** | **Amazon** | **Amazon** | **Amazon** |
| #2 | **Alibaba** | **Tencent** | **Microsoft** | **Microsoft** | **Microsoft** | **Microsoft** |
| #3 | Microsoft | Baidu | Fujitsu | Google | Google | Google |
| #4 | Tencent | China Telecom | NTT | Alibaba | Alibaba | Telstra |
| #5 | Google | Huawei | Google | Naver | IBM | IBM |
| #6 | Baidu | China Unicom | Softbank | KT | NTT | Alibaba |

Based on IaaS, PaaS and hosted private cloud revenues in Q4 2021

**Source: Synergy Research Group**

出典:https://www.srgresearch.com/articles/aws-alibaba-and-microsoft-lead-the-apac-cloud-market-tencent-google-and-baidu-are-in-the-chasing-pack

# クラウドの分類

　クラウドはSaaS（サース）、PaaS（パース）、そしてIaaS（アイアース）の3種類に分類されます。それぞれの違いは、次の通りです。

### 🔹 SaaS（Software as a Service）

アプリケーションをサービスとして提供します。

### 🔹 PaaS（Platform as a Service）

アプリケーション実行環境をサービスとして提供します。

### 🔹 IaaS（Infrastructure as a Service）

システムインフラをサービスとして提供します。

●SaaS、PaaS、IaaSの比較

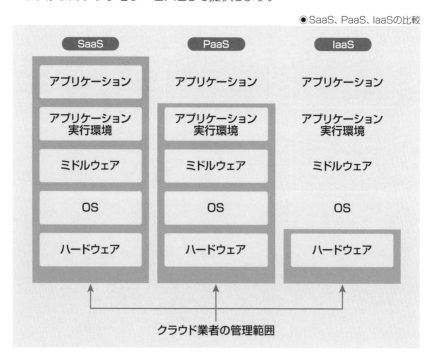

クラウド業者の管理範囲

　本書ではこのうち、IaaSについて記していきます。

# IaaSの特徴

IaaSの特徴は、次の通りです。

- 自社で物理サーバーを持たずに使えるため、物理サーバーを管理するエンジニアが不要。
- 利用申請後、短期間でOSがインストールされた状態ですぐ使える。
- 自社で物理サーバーを持たないため、物理的制約を意識せず利用したい分だけサーバー増強が可能。
- 使った分だけ費用が発生する従量課金制。
- 自社で資産を持たずに済むので、サーバーを買うと発生する減価償却処理が不要で、かつクラウド利用費はそのまま費用処理が行える。

IaaSでは、クラウドベンダーから仮想サーバーのインスタンス、もしくは物理サーバーの使用権を借り受け、リモートで各種設定を行うことでサーバー機能を使うことができます。

通常、自社でサーバーを所有して管理する場合は、まずはネットワーク環境を構築して、物理サーバーを購入し、マウントしてOSを入れて設定していくような手順を踏みますが、IaaSであればそれら一連の流れを省略し、クラウドベンダーからすでにOSが入った状態でアカウントを提供してもらうことですぐにサーバーの利用が可能となります。

●IaaSのイメージ

137

# クラウドの費用

クラウドには初期費用や解約費用がなく、従量制料金として維持費用のみ発生します。すなわち、クラウドを使いたいとき使い始め、使い終わったらすぐ閉じるといった使い方ができます。

クラウドはサービスによってさまざまな形で維持費用が算出されます。たとえば算出方法としては次のようなものがあります。

- 実稼働時間
- 実行回数
- 確保しているストレージ容量
- 保管しているストレージ容量
- ネットワークのデータ転送量
- グローバルIPアドレスの利用個数

サービスの稼働中状態と停止中状態とで単価が異なるといったリソースもあります。この場合はリソース未使用時に停止させておくと費用を節約できます。

## クラウドの料金支払い

クラウドではクレジットカードで利用料を支払う場合が多いと思われます。ただし、月額請求額が数百万円や数千万円といった単位の額になってくると、その金額を満たす利用枠のクレジットカードを用意するのが難しくなります。

各社クラウドの基準通貨が円なのか米ドルなのかにも注意が必要です。もし基準通貨が米ドルなのであれば、毎月の請求額が為替の影響で変わってきます。

法人や組織の場合、クラウドベンダーの審査が通れば請求書払いが可能となります。もしくはクラウド料金請求代行サービスを行っている業者を利用することでも請求書払いが可能となります。ただし、業者を挟む分、毎月の請求金額が確定する日が数日程度、遅れる場合が多いようです。

SECTION-31

# クラウド vs. 自社でのサーバー運用

　世の中にクラウドが広まるにつれて、「自らITインフラを運用する会社がなくなり、いずれはほとんどの会社のITインフラがクラウドに置き換わってしまうのではないか」といわれたこともありました。しかし、現状はそうなっていません。クラウドにはいくつかの弱点があります。

- クラウド環境を仮想化技術で提供しているクラウドでは、通常は用いられないような大量のハードウェアリソース（たとえば、CPUコアを100個追加する、メモリを2TB追加する）を求めるようなスケールアップには弱いという性質がある。ただし、この弱点を解消するために、データベース用途のサーバーだけは仮想サーバーではなく、物理サーバーを提供するといったサービスを行っているクラウドベンダーもある。
- クラウドでは、物理サーバーの管理をクラウドベンダーが担うため、物理サーバーに障害が発生した場合、クラウドベンダーからの復旧完了通知を待つしかない。ただし、物理サーバーに障害が起きたら直ちに別の物理サーバーでインスタンスを起動するといった対処方法もある。
- クラウドベンダーによる手違いで重要なデータが消失するリスクがある。実際にそのような事故は発生しているため、クラウドの利用側でもバックアップを取るなどの対策が必要となる。

## クラウドに向かない用途

　クラウドに向かない用途は、次の通りです。

### ◆ 機密情報を置く

　他社のサーバーに機密情報が置かれることや、データを送受信する際にインターネット経由でデータが流れることから、自社で管理できないところで機密情報流出が発生するリスクがあります。もちろん、データを暗号化して保存する、暗号化して通信するといった回避方法がありますが、情報流出リスクを自社ですべて管理したいという企業では、セキュリティポリシー上、クラウドを利用することが難しいといえます。

#### ◆ 大容量ファイルの転送

　インターネット経由でデータが流れるので、社内にサーバーを設置する場合と比較してファイル転送が遅くなります。

#### ◆ 大規模システム

　ある程度の大規模システムになった場合は、自社でITインフラを構築・運用したほうが安くなります。

# クラウドベンダーの選び方

　クラウドベンダーを選ぶ際は、ITインフラを自社で構築・管理できるスキルのある会社の場合とそうでない場合で、クラウドベンダーの選び方が変わってきます。

## ◆ ITインフラを自社で構築・管理できるスキルのある会社の場合

　安定性、コスト、パフォーマンス、管理ツールの使いやすさ、業界内での評判などを総合的に判断してクラウドベンダーを選定するのがよいです。

　おそらく、クラウドベンダーのトップシェア上位数社について比較表を作り、自社内で重視するポイントに加重値を高く設定して、最も得点が高かったベンダーを利用するパターンが多いと思います。

## ◆ ITインフラを自社で構築・管理するスキルがない会社の場合

　ITインフラを自社で構築・管理できない場合は、開発会社やMSP（Managed Service Provider）ベンダーにインフラ運用の代行を委ねることになります。そのような場合、委ねる先から推奨クラウドベンダーの提案を受けるのがよいです。特に着目すべきポイントは、システム稼働の安定性とコストです。安定していて、かつ安いのであれば、委ねる先が使い慣れているクラウドベンダーを指定するのが安全・安心です。

# 会計処理から考えるクラウド

　クラウド導入の是非を考える際、会計処理の仕組みについても押さえておくとよいでしょう。

　企業の税引き前利益は次の式から導き出されます。

**税引き前利益 ＝ 売り上げ － 費用**

　そして、税引き前利益をもとに納税額が決定します。

**納税額 ＝ 税引き前利益 × 法人税率**

　ただし、10万円以上の機器を購入する場合、購入費用のすべてをその年に費用処理できず、国が定める耐用年数（サーバーの場合は耐用年数は5年）に応じて購入費用を定額法、もしくは定率法[1]にて計算し、数年に分けて費用処理する必要があります。よって、現金保有額が少ない企業が物理サーバーを購入しようとした場合、購入時にキャッシュが一括で出て行ってしまうのに対して、購入年に費用処理できる額はそのうちの一部となります。

　このような状況に対して、IaaSやリースでは毎月に支払う一定額分がすべて費用処理化できるため、資金的余裕がない企業にとっては資金繰りが楽になります。

---

[1]：定額法は毎年一定額を償却する方法です。定率法は初年度の償却費が最も多く、次第に減っていくという償却方法です。詳細は日商簿記3級のテキストなどをご参照ください。

● 会計処理から考えるクラウド

| | 物理サーバー購入 | | クラウド（IaaS） |
| | 自社購入 | リース | |
|---|---|---|---|
| 資産 | 自社資産 | リース会社資産＝自社資産にならない[2] | クラウドベンダー資産＝自社資産にならない |
| キャッシュフロー | 購入時に一括支払い | 毎月一定額支払い | 毎月一定額支払い |
| 会計上の費用処理 | 減価償却 | 費用処理 | 費用処理 |
| 会計処理上のメリット | ― | キャッシュフロー分がすべて費用化できる。減価償却管理不要[2] | キャッシュフロー分がすべて費用化できる。減価償却管理不要 |
| 会計処理上のデメリット | 購入時に購入分現金が流出するが、購入年に現金流出分すべてを費用処理化できない | 中途解約ができない | ― |
| 利用停止後の費用 | 減価償却期間が終了するまで費用が発生 | 契約期間が終了するまで費用が発生 | 契約終了以降は費用が発生しない |
| 備考 | ― | 審査に通らないとリース契約が行えない。よって財務状況の信用がない会社はリースを使えない | ― |

## COLUMN
### オンラインゲームでのクラウドの利用

　オンラインゲームでは、ゲームサーバー、データベースサーバー、および、メモリDBという構成で組まれたシステムをよく見かけます。オンラインゲームの特性は、リリースしてみないとどの程度のアクセス数が集まるのかわからないということです。ひょっとしたらものすごいユーザー数を集めるかもしれないし、逆に全然ユーザー数が集まらない可能性もあります。

　このような場合、クラウドであれば、リリース前に大量のインスタンスでインフラを準備しておき、リリース後のアクセス数を見てインスタンス数を増減させながら適正規模に調整するというような運用が可能となります。

　クラウドベンダーの多くは契約後、一定期間は無料で使えるようになっているので、無料期間中にリリースしてユーザー動向を見て適正なインスタンス数にするというのは非常に効率的なやり方です。

[2]：本書執筆当時、リースについても2026年度より資産計上や減価償却管理が必要になるという会計基準変更の草案が出されています。

143

# クラウドエンジニアと
# インフラエンジニアの違い

CHPTER 01でインフラエンジニアの仕事は、おおよそ「インフラ設計」「インフラ構築」「インフラ運用」の3つのフェーズに分類できると記しました。

一方、クラウドエンジニアの仕事も、おおよそクラウドサービスにおける「インフラ設計」「インフラ構築」「インフラ運用」の3つのフェーズに分類できるという点は同じです。ただしクラウドエンジニアは、組織アカウントの管理や費用管理、セキュリティの知識や開発手法の知識まで求められることもあります。

クラウドを使いこなすということは、インフラを使いこなす意味合いとともに、クラウドベンダーが提供しているサービスを使いこなすという意味合いもあります。よってクラウドエンジニアはITインフラの一般的な知識に加えて、クラウドベンダーが提供するサービスについてよく理解して使いこなすことが求められます。

ただ、すべての分野に精通していないとクラウドエンジニアと呼べないわけではなく、分業化が進んでいる会社やプロジェクトも多いので、特定分野だけ得意だとか特定分野だけ弱いといった形でもクラウドエンジニアとして活躍している人は多いです。すなわち狭く深い領域で活躍している人もいれば、広く浅く活躍している人もいるのがクラウドエンジニアの特徴です。

# CHAPTER

# 08

# 購買と商談

>> **本章の概要**

　ITインフラで用いられる機器類は、小規模であれば実店舗やネット通販で購買を行うことが手軽でよいですが、ある程度の規模となるとベンダー（業者）の営業を通して購買するメリットが大きくなります。

　商談では、ベンダーの営業を通して購買に必要な情報をもれなく収集し、価格交渉を行って、そして最終的な意思決定を経て購買に至ります。

　ベンダー側は、購入側と比較して、さまざまな業界情報を持ち合わせていることが多いです。そういった情報を商談の中でうまく引き出しつつ、また、自社で悩んでいることを相談しながら、最終的に自社に最適な製品を最適な価格で購買することができれば良い購買ができたといえます。

　本章では、購買と商談時に押さえておきたいポイントを一通り記します。

# 購買と商談

ITインフラを構築するためには、多くの機器・ソフトウェア、もしくはサービスを購入する必要があります。概してITインフラ投資は高額になるため、ビジネス的な観点で見ても購買と商談は非常に重要なものとなります。よって、インフラエンジニアは購買と商談についても最大限、気を配る必要があります。

## 購買先の選定

調達したいものがある場合、どの会社から調達すればよいのか悩むことになります。最も確実なのは信頼のおける知り合いから良いベンダーを紹介してもらうことです。紹介してもらえる人がいない場合は、ネットなどでベンダーをいくつか探して来訪してもらうなどの方法を検討します。

## 来訪してもらう目的を考えておく

ベンダーの営業に来訪してもらう際、目的があいまいなまま単に来てもらうのは時間の無駄です。来訪してもらう際、最低限、次のことを把握できるよう努力する必要があります。

- 自分たちは今、何を購買しなければならないのか。
- 自分たちが購買しようとしているものの価格の相場はどのくらいか。
- 自分たちが購買しようとしているもののトップシェアベンダー。
- 発注から納品までどのくらいの期間がかかるのか。

よくある間違った応対としては、ベンダーの営業が一方的に話すその会社の製品のアピールポイントだけ聞いてそのまま納得することです。その製品は自分たちが本当に求める要件を満たし、コスト的に妥当で、かつ、必要な期日に間に合うのかをベンダーに確認しないのであれば、何のために来訪してもらっているのかよくわかりません。

もし、やりたいことは明確に決まっているが、それを実現するためにそもそも自分たちは何を買うべきかといったような基本的なことがよくわかっていないのであれば、来訪してもらう前にベンダー側に今回、来訪してもらいたい目的を告げておき、自分たちは何がわからなくて何を知りたいと考えているのか事前によく説明しておくことです。これを説明しておくことで、来訪してもらう際、自分たちが望むことに対して説明を受けることができます。

## ベンダーを選定する

購入しようとしているものが、購入後、ベンダーサポートのいらない、俗にいわれる手離れの良い製品なのか、それともベンダーサポートが重要な製品なのかによって選定すべきベンダーが変わってきます。

もし、購入しようとしているものが手離れの良い製品なのであれば、最も安い価格を出すベンダーから購買する必要のが合理的です。それに対してベンダーサポートが重要な製品なのであれば、多少は高くても信頼できるベンダーを選定する必要があります。

信頼できるベンダーというのは、他の人からの紹介であれば、それをもとに判断できます。ネットでの評判も場合によっては信用できることもあります。いずれも難しかったら、あらゆる面からそのベンダーのことを分析することが安全です。売るときだけ調子が良い会社、財務状況が良くなくて倒産しかけている会社、短期的な利益を重要視してモラルが低い会社などは直ちに選定から外すのがよいでしょう。

## 相見積もり

購買を行う際、大抵の場合は競合製品が存在します。競合製品が存在する場合、面倒でも相見積もりを取らなければなりません。相見積もりを取るということは、購買価格決定のイニシアティブを自分たちが握ることになります。相見積もりを取らないということは、購買価格決定権をベンダーに握られることになります。

## 導入テスト

初めて導入する機器の場合、導入テストを行う場合があります。導入テストは、設置場所に収まるかどうかといった物理的な確認や、必要とする性能が出るかといったパフォーマンス測定による確認、もしくは他のサーバーやシステムとソフトウェア的にうまく連携できるかといった接続性確認などを目的として実施します。

導入テストは、ベンダーから検証機を借り受けて自社内で実施する場合と、ベンダーの検証センターに行って実施する場合があります。

機器を購入する際、導入テストを行うことは一般的なので、導入テストが必要であれば遠慮なくベンダー営業に要請してみるとよいでしょう。

### グローバル購買

日本国内で買うのと海外から調達するのでは、相当の価格差がある場合があります。製品の購買とベンダーサポートが分離できるのであれば、製品は海外から買い、サポートだけ国内ベンダーに依頼するといったことも可能です。

海外のベンダーを管理できるようであれば、グローバル購買も検討してみるとよいでしょう。

### COLUMN
#### 新品サーバーはお店に売っていない

以前、秋葉原にサーバーを探しに行ったことがあります。中古サーバーならありましたが、新品サーバーはどこにも売っていませんでした。中古サーバー店の店員さんに聞いてみたら、サーバーはカスタマイズして納品する場合が多いので店舗で在庫を持って売るのは難しいということでした。

### COLUMN
#### ロット不良

特定時期に製造された製造工程で問題ある不良パーツ群、もしくは不良パーツ群が使われた製品群のことをロット不良と呼びます。

たくさんの機器を購買していると、たまにこのロット不良に悩まされることがあります。購入側でロット不良発生率を管理することは不可能なため、ロット不良が起きてしまったら運が悪かったとあきらめ、適時、適切な対応を行うことになります。

ロット不良が疑われる場合、ロット不良が疑わしいという根拠を積み上げてベンダー側に提出するのが早期解決のコツです。状況証拠が多ければ多いほど、ベンダー側の調査や対応が速やかに進むことが期待できます。

著者の経験上、ロット不良は一般的な使い方ではなく、特定パターンでしか発生しないケースがほとんどです。ベンダー側に調査を依頼する場合、特定パターンを明確に伝えることができれば早期回答が期待できますが、そうでない場合は長期に渡る調査を覚悟しなければなりません。

## COLUMN
### 成長期の購買

　ビジネス的に成長期に突入している企業では、ヒト・モノ・カネといっ
たあらゆるリソースが足りなくなります。ITインフラもその1つですが、
こういった成長期の企業では費用節約よりも、とにかくビジネスの成長
スピードを止めないことを最優先しなければなりません。成長期ではひっ
きりなしにインフラ拡張要請が来ます。成長期を経験したことがないイン
フラエンジニアの多くは通常期のマインドで物事を判断するため、イン
フラ拡張を渋り、結果として企業の成長がITインフラ部分でボトルネック
になってしまいます。成長期というのはスピード優先な時期ですから、調
達額が多少は高くなっても早く製品の供給が受けられるベンダーから大
量の機器を短期間に取り揃え、早くサービスに投入できるようにしなけ
ればなりません。

# 資産管理

ITインフラを構築する場合、さまざまなものが用いられます。資産管理を考える際、サーバーやネットワーク機器などといったハードウェアはもちろんのこと、OSやアプリケーションといったソフトウェア、および、LANケーブルや電源ケーブルといった備品類などについてもどの程度、厳密に管理していくか決めておく必要があります。

## 💠 資産管理対象

あらゆるものを資産管理対象にすると管理が難しくなるので、通常は資産管理対象を限定するのが一般的です。

何を資産管理対象とすべきかは各々の企業のポリシーによって自由に決められます。たとえば、サーバーやネットワーク機器といったある程度の大きさのあるものを管理対象にし、LANケーブルや電源ケーブルなどは在庫を厳密に管理しない備品扱いにします。

もしくは財務的な意味での資産、すなわち減価償却対象機器かそうでないかといった区分けもあります。この場合、同じサーバーでも10万円以上で購入したサーバーは資産管理対象で、10万円未満で購入したサーバーは備品という扱いです。

## 💠 資産管理の方法

ある程度の規模まではExcelなどの表計算ソフトが使われることが多いようですが、一定規模を超えると資産管理システムを導入しないと業務がスムーズに回らなくなります。著者の経験だと、資産が数百台程度であればExcelでも問題なく業務が回りますが、資産が数千台規模を超えたあたりから途端にExcelだと管理が難しくなります。

会社によっては減価償却などを自動化し、かつ決算期に決算書類を自動的に作れるような会計ソフトで資産管理を行う場合もあります。

## 🗳 在庫

Web系企業においては、開発完了後、即サービス投入といったことがよく行わるため、すぐにサービスに投入できるようにサーバーやネットワーク機器などの在庫を多めに持っておく対応が取られる場合があります。

一般的な業種においては、在庫は悪とばかりに在庫を極限まで減らすことを追及しますが、ことWeb系企業においては、タイムロスは悪とばかりに常識外れのスピードが要求される場面があります。時間を買うという意味でWeb系企業ではIT機器の在庫をある程度、確保しておくことがよく行われます。

## 🗳 減価償却

投資したITインフラコストを正確に把握することは、ビジネスを行う上で重要なことです。とりわけ重要なのは、会計上の減価償却という考え方です。インフラ費用は通常、数年にかけて償却されます。この償却期間を決めているのは、財務省や国際会計基準といった会計ルールです。インフラエンジニアがこういった会計ルールをよく理解しておくと、IT機器の調達をビジネス的な観点から見られるようになります。

## 🗳 棚卸し

帳簿や台帳上にある資産が実際に存在しているか確認する作業を棚卸しと呼びます。定期的に棚卸しを行うことで、次のことが期待できます。

- 実資産と帳簿上の在庫数が一致する。
- 未使用資産が明らかになる。
- 紛失資産が明らかになる。

## 🗳 機器の廃棄

機器が故障や老朽化によって再活用が難しい場合は廃棄を行います。廃棄を行う場合は、IT機器廃棄専門業者に引き取ってもらう、一般的な産業廃棄物処理業者に引き取ってもらう、もしくは中古機器として買い取ってもらう方法などがあります。

IT機器を廃棄する場合、機密情報流出に注意する必要があります。たとえば、ハードディスクに重要なデータが含まれている場合はハードディスクを物理破壊するなど、第三者によってデータが取り出せなくなるよう処理してから廃棄する必要があります。

# CHAPTER
# 09
# データセンター

>>> **本章の概要**

データセンターはITインフラを構築・運用するのに最適な環境
です。

「データセンターをどのように選定してよいかわからない」という
声をよく聞きます。データセンター各社のホームページを見るとさ
まざまなアピールポイントが記載されていますが、データセンター
選定に必要な詳細な情報が載っていない場合がほとんどです。

ただ、どんなにホームページ上に詳細な情報が載っていたとし
ても、実際にデータセンターを使ったことがない人がそれらの情
報を見てもピンとこないと思われます。なぜなら、データセンター
の選定にはサービス内容や価格情報といった一般的な情報に並
んで、使い勝手という要素が大切になるからです。たとえば、「セ
キュリティレベルが世界一高いデータセンター」という謳い文句
があったとしてどう感じるでしょうか。データ管理上、安心と考え
ることもできますが、裏を返すと作業や障害対応のために頻繁に
入退室が必要な場合でも簡単に入退室ができず、使い勝手とし
ては非常に不便だと捉えることもできます。

そこで本章では、データセンターを選定するにあたり、事前に
知っておくとよいことを、データセンター利用経験者視点でまと
めました。

# データセンターを使う

　データセンターは電力、温度、ネットワーク、セキュリティ、災害対策などが充分に考慮された、ITインフラを構築するのに最適な環境です。

　会社の事務所があるような一般的なビルでは法定停電があるため、毎年、最低1回サーバーを止めなければならないですが、データセンターの場合はサーバーを24時間365日稼働し続けられるので、サーバー運用の観点ではサーバーを社内サーバールームではなくてデータセンターに置く方が便利です。

●データセンター

## 🔹 データセンターの空調方式

　データセンターには機器を冷却するために強力な空調設備が完備されています。昨今のITインフラ機器は高性能化、高密度化により発熱量が増大しており、地球温暖化対策の面からも空調システムは進化し続けています。

#### ◆床下冷気方式

部屋全体を強力な空調で冷やす方式です。この方式は仕組みとしてはシンプルですが、サーバーやネットワーク機器などが常に排熱している状態で部屋全体を冷却しているため、エネルギー効率が悪いというデメリットがあります。比較的古いデータセンターで見られる方式です。

◉床下冷気方式

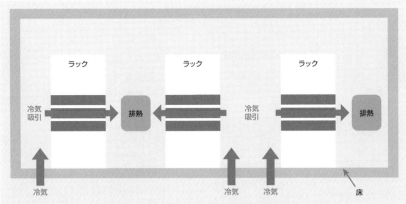

#### ◆排熱吸引方式

コールドアイルと呼ばれる冷気で満たされた空間と、ホットアイルと呼ばれる排熱が充満した空間を物理的に明確に区分する方式です。コールドアイルは空調で冷却し、ホットアイルは排熱を吸引します。床下冷気方式と比べてエネルギー効率が高くなります。

◉排熱吸引方式

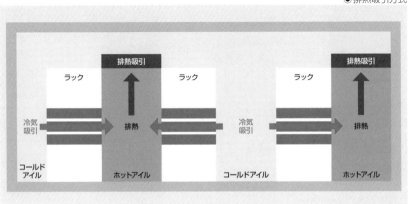

### ◆ 外気空調方式

寒冷地にデータセンターを設け、外気を取り入れることで極力、電力に頼らない冷却を実現する方式です。ただし、外気の温度は変化するので熱い日は空調も併用されます。

直接外気冷房方式は外気を直接サーバールーム内に送り込む方式です。この方式の場合、外気にはホコリやチリが多く含まれるので、いかに塵埃（じんあい）対策が行われているかが重要となります。また外気に含まれるガスや結露の対策も必要になる場合があります。

間接外気冷房方式は外気を直接サーバールーム内に送り込まず、熱交換器を用いるなどの方法でサーバールーム内を冷却します。

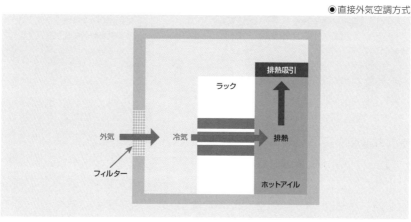

●直接外気空調方式

●間接外気空調方式

## データセンターの選定

世の中にはさまざまなデータセンターがあり、それぞれに特徴があります。多くのデータセンターの中から契約すべきデータセンターを選びだすのは困難が伴います。

データセンター選定を行う際によく取られるアプローチには次のようなものがあります。

- 知り合いからの紹介
- サーバーベンダーなど、付き合いのあるベンダーからの紹介
- ホームページなどで目ぼしいデータセンターを探し、一通り、問い合わせてみる

## データセンターを選ぶポイント

一度、データセンターを選定してサーバーを設置し出すと、その後、別のデータセンターにサーバー移転をすることは容易ではありません。そのため、データセンターは慎重に決めなければなりません。とはいえ、どのデータセンターもホームページに掲載されている情報だけでは不充分です。データセンターの所在地、価格、契約条件、オプションなどをホームページ上に明解に記載している事業者は皆無に等しいです。

データセンターを初めて選定するような場合、どんなデータセンターを求めているか自分たちもよくわからないという状況が多いかと思います。そこで、ここではデータセンター選定のためのいくつかのポイントを記します。

### ◆ データセンターの立地

会社事務所の近くにデータセンターがあると非常に便利です。しかし、利便性の高いところに位置しているデータセンターは概して利用料が高価です。

### ◆ サーバー設置台数

データセンターの契約形態には、ラックユニット単位の契約、ラック単位の契約（1ラック、1/2ラック、1/4ラックなど）、もしくは部屋単位の契約などがあります。サーバー設置空間は後で増やすのが困難なので、契約時にその後の拡張性も考慮して決める必要があります。

### ◆ ラックは持ち込みか、貸し出しか

ラックマウント型サーバーの場合はラックとラックマウントキットに相性があるので、もし、備え付けのラックとラックマウントキットが合わなくて取り付けられないといった場合は棚板を使うこととなり、ユニットスペースを棚板の分だけ無駄に浪費することになります。

### ◆ 利用可能ボルト数

日本の電源は100Vが一般的ですが、ブレードサーバー、エンタープライズサーバー/ストレージ、ハイエンドスイッチなどの大型機器は200V電源が必須な場合が多いです。

### ◆ 重荷重機器への対応

ハイエンド機器になると、数トン規模の重さになることがあります。サーバールームの耐荷重を確認することはもちろんのこと、搬入可否などを事前にデータセンター側によく確認しておく必要があります。

### ◆ 防災レベル

火災、地震、水害など、さまざまな災害に対して備えがあるかどうか。消火、耐震・免震、防水対策があることはもちろんのこと、そういった災害が起きにくい立地にあるかどうかもよく確認しておくとよいでしょう。

### ◆ UPS（無停電装置）や発電機の性能

停電発生時にどの程度の時間、UPSや発電機によって電力を自前で供給し続けられるか。どのデータセンターも発電用の燃料が常に一定量、保管されていますが、燃料が発電に使われると当然、燃料が減っていきます。途切れなく燃料が補給され続けられるという前提の上では継続して発電し続けられますが、自然災害などで道路が封鎖されてしまい、燃料の供給が途絶えるといったリスクも念頭に置く必要があります。

データセンターによっては自然災害発生時に優先的に電力や燃料の供給を受けられるように、電力会社や燃料供給会社と契約しているところもあります。

#### ◆ 産廃処理

機器を大量に搬入すると、大量のゴミが発生します。それらのゴミをデータセンターで回収してもらえるのか、それとも持ち帰るか、もしくは都度、自前で産廃業者を呼んでゴミを回収する必要があるのかは日常運用を考える上で意外と重要な要素となります。

#### ◆ 搬入スペースや駐車場の有無

搬入スペースや駐車場が狭いと機器搬入が困難です。特にハイエンド機器を扱う場合は、広い駐車場がないと搬入が行えない可能性があります。

#### ◆ リモートハンドサービスの有無

トラブル発生時、電話をかければ電源をオン/オフしてくれるといったサービスが必要かどうか検討します。

#### ◆ ユーザールームの有無

データセンターによっては機器運用のためにオペレーターが常駐するためのユーザールームを借りることができます。ただし、ユーザールームを貸し出すサービスがあってもタイミングによってはすべてのユーザールームが満杯で借りられないという場合がよくあります。

#### ◆ ケージ(金網)の有無

広いサーバールームをすべて借りるほどのサーバー数がないが、サーバールームの一角だけ借り受けたいという場合は、ケージと呼ばれる金網でサーバールームの一角を囲むことができる場合があります。これをケージコロケーションと呼びます。

●ケージの例（By ChrisDag(https://www.flickr.com/photos/chrisdag/865711871/)）

◆ ネットワーク回線のコネクティビティ

　ネットワーク通信量が多くなければ、データセンター自体がいくつかのISP（インターネットサービスプロバイダー）と契約していて、その回線を共用回線として借り受けることができます。

　ネットワーク通信量が増えてきた場合は、自前でISPと専用回線契約をした方が品質管理的にもコスト的にもメリットが出る場合があります。その場合、すでにデータセンター構内に回線が引き込まれているISPと接続するのであれば、構内配線だけの工事で済むため短期間でISPと接続できる場合があります。

　ただし、データセンターによっては物理的制約、もしくはビジネス上の理由から引き込めるISP回線に制限がある場合があります。

◆ イレギュラーな要望に強い

　サイトが大きくなってくるとさまざまな要望が生まれてきますが、それらのイレギュラーな要望の相談に応じてくれる親切なデータセンターであると使い勝手が良いです。

### ◆ 備品貸し出しの柔軟性

　工具、イス、机、キーボード、温度計、LANケーブル、シリアルケーブルなど、現地作業ではいろいろ必要になりますが、そういったものを柔軟に貸してくれるデータセンターは大変、使い勝手が良いです。

### ◆ 売店や宿泊施設の有無

　深夜メンテナンスや長時間作業といったことがよくあります。ある程度、生活できる環境があると使いやすいです。

### ◆ 費用

　最終的には費用で決めることになります。初期費用と月額費用はデータセンターによって千差万別ですが、通常は利用規模に応じて値引き交渉が可能です。

# ラックに機器を取り付ける

初めてラックを使う場合は、ラックにどのように機器を取り付けていけばよいのかわからないと思います。特にこうでないといけないという絶対的な決まりはないですが、実運用上、よく採用されているパターンがあるので、紹介します。

### 🔷 ネットワーク機器の取り付け

ネットワーク機器はラック最上位か中間に取り付けるのが便利です。

ネットワーク機器を最上位に取り付ける場合は、ラックをまたぐスイッチ間の配線がしやすいこと、および、LANケーブルを垂らしておけるといったメリットがあります。

ネットワーク機器を中間に取り付ける場合は、ネットワーク機器とサーバー間のLANケーブルの長さが短くて済むというメリットがあります。

◉ ネットワーク機器の取り付け

| 最上位に配置 | 中間に配置 |
|---|---|
| L2スイッチ | サーバー |
| サーバー | サーバー |
| サーバー | |
| | L2スイッチ |
| サーバー | サーバー |
| サーバー | サーバー |

● 上からケーブルを垂らす方式なのでサーバー配線がしやすい。
● ラックをまたぐスイッチ間の配線がしやすい。

● サーバーとスイッチ間の距離が最も短い設置方法なので、長いケーブルを使う必要がない。

01
02
03
04
05
06
07
08
**09** データセンター
10
11
12
13

## エアフロー

　サーバーは通常、前から冷気を吸って後部から排熱を出します。よって複数のラックを利用する場合は、サーバーからの排熱を別のサーバーが吸い込まないような配置にする必要があります。

● エアフロー

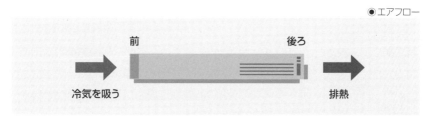

● 良い配置の例:排熱が集まる

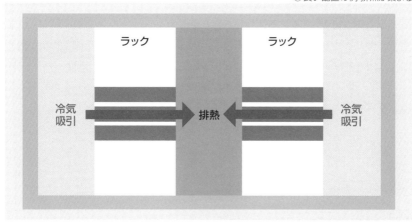

● 悪い配置の例:排熱を別のサーバーが吸引してしまう

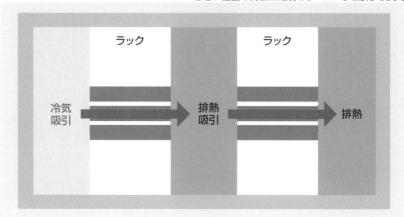

## 🔷 電力容量の問題

通常、1ラック当たり使える電力容量に制限があります。たとえば、1ラック当たりの制限が4kVAとします。4000VA≒4000W（ワット）と考えた場合、ワット ＝ V（ボルト）× A（アンペア）なので、100Vのサーバーだとすると40Aまで使えることになります。

それを前提として、仮に1サーバー当たりの電力使用量がWebサーバー100W、データベースサーバー200Wの場合、Webサーバーであれば1ラックに40台、データベースサーバーであれば20台しか設置できないことになります。このように、サーバーをラックに搭載する場合は物理的な設置可能台数に加えて、電力使用量も綿密に計算して設計しなければなりません。

新しいデータセンターでは、1ラック当たり6kVAや9kVA程度を使えるデータセンターが増えてきました。また、近年は1ラック当たり30kVA以上使えるデータセンターも登場してきています。GPUサーバーはたった1台で3kVA以上の電力が使われる場合もある大変電力を消費するサーバーのため、GPUサーバーを導入する場合は、そのような大量の電力を使えるデータセンターを選定するとよいでしょう。

# 自社サーバールームを使う

　ここではデータセンターを使わず、自社にサーバールームを設けてサーバーを置くことを考えてみます。一見、事務所内の一角にサーバーを置くだけなのでデータセンターを利用する場合と比べて大幅なコストダウンができるように見えます。しかし、社内サーバールームを作るには多くの課題があります。

## 🔲 自社にサーバールームを作るポイント

　自社にサーバールームを作るポイントは、次のようになります。

### ◆ 面積

　面積で設置可能な機器の台数が決まってしまうので、サーバールーム設計時には将来的な需要も見越して必要なスペースを算定する必要があります。社内のサーバールームに置かれる可能性があるものには、次のものがあります。

- サーバー
- ネットワーク機器
- 冷却装置
- 消火装置
- UPS（無停電装置）
- KVMスイッチ
- コンソールドロワー
- パッチパネル
- PBX(電話交換機)
- 各種備品

### ◆ 電力容量

　ビルによって最大電力量が決まっているので、必要な電力容量に対してビル自体が対応できるかが確認する必要があります。たとえば、1ラックで4kVA（100V換算で40A）程度の電力を使うと仮定し、10ラック必要な場合は40kVA必要となります。

　40Aというと一般的な1家庭当たりの契約電気量であるので、1ラック当たり1家庭分の電力が使われることになります。

### ◆ 冷却

空調機には、床置き型、床下送風型、天吊り型などがあります。小さいサーバールームだと家庭用エアコンを設置することで済ます場合もあります。

### ◆ 耐荷重

通常、オフィススペースの耐荷重はそんなに強固ではありません。たとえば、1サーバー当たり20kgのサーバーを1ラック当たり20台設置するとすると、1ラック当たり400kgもの重量がかかる計算になります。場合によっては耐荷重のための補強工事が必要になります。

### ◆ 地震対策

家具の地震対策であれば家具が倒れない程度の地震対策で構いませんが、サーバーラックの場合、ラックが揺れるとサーバーが揺れてしまいます。サーバーはハードディスクなどの稼働部品があるので、それらのパーツが揺れることにより読み書きエラーが発生することが考えられますし、場合によっては故障してしまうこともあり得ます。免震構造でラックを立てられればよいですが、予算や物理的制約によって難しい場合もあります。

### ◆ 騒音対策

サーバーの騒音はかなり大きいため、社内サーバールームは密閉空間であることが望ましいです。消防法の関係でどうしても密閉空間を作ることが難しい場合は、オフィスレイアウトを工夫して、できる限り人がいないエリアなどにサーバールームを設けるのがよいでしょう。

### ◆ ホコリ対策

サーバーは精密機器なので、ホコリは大敵です。人通りが多いエリアにサーバールームを設けないこと、定期的な清掃、および、できる限りホコリが入らない何らかの工夫が必要です。

### ◆ 法定点検対策

オフィスビルの場合、法定点検が義務付けられており、毎年、必ず停電が発生します。どうしても止められないサーバーがある場合は社内サーバールームの利用が難しいといえます。

## ◆ セキュリティ

情報セキュリティの観点から社内サーバールームへの厳密な入退室管理が求められる場合は、それに対応する必要があります。

## ◆ 備品置き場

サーバールームにはさまざまな備品が置かれます。たとえば、次のようなものを置いておくと便利でしょう。

- 各種OSメディア
- 工具
- ネットワークケーブル
- USBメモリ
- 予備メモリ
- 予備ハードディスク
- 懐中電灯

01

02

03

04

05

06

07

08

**09**
データセンター

10

11

12

13

# CHAPTER
# 10
# ソリューションと
# セキュリティ

>>> **本章の概要**

　ソリューションとセキュリティはITインフラの運営を考える上で非常に重要です。

　ITインフラを適切に管理するためには、ITインフラの状態をさまざまな角度から確認できるようにしておくことが必要となります。その目的のためにIT資産管理ツール、セキュリティシステム、構成管理ツールなどといったさまざまなソリューションが導入されます。

　また、それと同時に企業の情報資産を守るためにセキュリティについても適切に管理していくことが求められます。セキュリティについてはソリューションの導入といったレベルから、セキュリティ担当やサーバー担当者の連携、外部セキュリティ企業の活用、もしくはデータのハッシュ化と暗号化などといったテーマがあります。

　ソリューションやセキュリティを検討する上で「我々はいったい何を守るべきか」といった視点が重要になります。こういった視点がないと、さもソリューション導入やセキュリティ対策をすること自体が目的となり、何のためにそれをやるのかがあいまいになってしまいます。そして、実際にそのような状態はどの企業においてもよく見られるので気を付けましょう。

# ソリューション

ITインフラ運営に用いられる多くの機器を効率よく管理するために、さまざまなソリューションを活用します。

## 🟢 IT資産管理ツール

大量の機器を効率よく管理するには、IT資産管理ツールがあると便利です。IT資産管理は、ある程度の規模までであればExcelなどの表計算ソフトで行っていくことが可能ですが、管理対象機器が増えれば増えるほど、IT資産管理をシステム化するニーズが強まります。

IT資産管理ツールには多数の市販ソフトが存在しますが、それらはどちらかというと社内PCを効率的に管理する目的のものが多く、ITインフラ資産を管理する目的では要件が合わないものが多い印象があります。こうしたことから、自社の要件に合うようにIT資産管理ツール自体を自作してしまう会社も多いですし、数千台以下の機器台数であれば不便さを我慢しながら資産をExcelやAccessで管理している会社も多いようです。

## 🟢 セキュリティシステム

ITインフラ全体で行う対策としては、管理対象のネットワーク内にファイアウォール、IDS（侵入検知システム）、WAF（Webアプリケーションファイアウォール）などを設置する方法があります。

サーバー単位で行うセキュリティ対策として、アンチウィルスソフトをサーバーにインストールする方法などがあります。

## 🟢 ファシリティ管理システム

データセンターの物理的な環境をモニタリングするシステムです。サーバーラックの温度や各ラックの電気使用量、さまざまなセンサーをリアルタイムに監視・管理することができます。

## 🔹 構成管理ツール

構成管理ツールとは、ITシステムの構成要素を管理するためのソフトウェアです。構成要素には、ハードウェア、ソフトウェア、設定、ドキュメントなど、システムを構成するすべてのものが含まれます。構成管理ツールは、これらの構成要素を管理し、変更を追跡することで、システムの信頼性とパフォーマンスを向上させます。

構成管理ツールでは、ITインフラの構成をコード化して管理します。このITインフラのコード化を実現するための手法はInfrastructure as Code (IaC)と呼ばれます。ITインフラの構成をコード化することで、ITインフラの変更を迅速かつ簡単に行うことができるようになります。

構成管理ツールでよく使われるオープンソースには、次のようなものがあります。

- Ansible
- Chef
- Puppet
- SaltStack
- Terraform
- Packer
- Jenkins

## 🔹 ストレージ管理システム

ストレージを集中管理することのできるシステムです。各ストレージの稼働状況や使用状況を監視できることはもちろんのこと、仮想ストレージを動的に生成、容量拡張/縮小、削除することができます。

# セキュリティ

　セキュリティ対策は、全体的な観点でのセキュリティ対策と、リアルタイムにセキュリティインシデントを検知する仕組み作りの両面から攻める必要があります。特に規模の大きいインフラ環境では、サーバー1台ずつ小まめにセキュリティ対策を行っていくような運用には限界があるため、別途、セキュリティ担当者を置き、包括的にセキュリティ対策を行っていくなど、セキュリティ強化の体制作りから構築していく必要があります。

　全体的な観点では、インフラ全体のセキュリティレベルを常時、把握し、脆弱性（ぜいじゃくせい）を直ちに見つけて対策を行うことが必要となります。

　リアルタイムな観点では、コンピューターウィルスの検知、不正侵入の検知、外部からの攻撃の検知といったことが必要になります。

## 何を守るためのセキュリティか

　企業におけるセキュリティ対策とは、それそのものは直接、利益を生むものではないため、投資対効果を算出することは困難です。セキュリティ対策とはある意味、保険のようなもので、やっておけばある程度は安心だけど、完璧な状態は絶対に作れないという性質があります。

　セキュリティ対策を検討する上で最も重要なことは、企業として何を守りたいのかを明確にしておくことです。守りたいものが明確であればあるほど対策が明確になり、投資すべき費用の算出がしやすくなります。

　たとえば、一般的なITインフラにおいて守るべきものとしては、次のような情報が挙げられます。

- 顧客データ全般
- 売上情報
- メールデータ
- 各種ドキュメント類
- 各種ソースコード
- 従業員名簿

## ▶ セキュリティ担当者とサーバー担当者の連携

　サーバーにはセキュリティホールとなり得る要素がたくさん含まれています。OS、ミドルウェア、開発言語のセキュリティホールや設定ミス、アプリケーションのバグ、不適切な権限設定などなど多岐に渡ります。

　サーバーのセキュリティ対策で厄介なことがいくつかあります。たとえば、サーバー構築時にセキュリティホールや権限設定ミスを完全につぶしたとしても運用開始後、新しいセキュリティパッチが次々と登場するので継続的にセキュリティパッチを適用することが必要になります。また、日常運用の過程でアプリケーション更新や権限設定変更作業が継続的に発生するといった事後メンテナンスが必要になるといったこともあります。

　そこでセキュリティ担当者は定期的にセキュリティ診断を行って適時、不適切なセキュリティ設定の改善を求めることや、リアルタイムに不正侵入や攻撃を監視し、不審な痕跡を検知したら直ちに意思決定者に伝達して該当サーバーをネットワークから切り離した上で対策を取るなどといったことを継続的に行っていくことになります。

## ▶ 外部セキュリティ専門業者の活用

　不正侵入の手口は日々進化しています。セキュリティ担当者が最新の不正侵入の手口をすべて知ることは難しいため、外部のセキュリティ専門業者も活用します。具体的には定期的なセキュリティ診断を行う、セキュリティ専門業者によって提供される不正侵入検知システムを使ったリアルタイム監視の実施など、さまざまなセキュリティ対策が行えるようになります。

## ▶ データの暗号化とハッシュ化

　データベースなどのデータが大量に格納されているサーバーに不正侵入されると、個人情報や機密情報に相当するデータが流出する恐れがあります。ただし万が一不正侵入されてデータが盗まれたとしても、解読不可能な状態のデータであれば実質的な被害を最低限に抑えることができます。

　この目的のためには、データの暗号化とハッシュ化といった方法があります

　データ暗号化は、アプリケーションレベルで都度データを暗号化する方法の他、暗号化機能のあるRDBMS（リレーショナルデータベース）を使う方法、もしくはハードディスクやストレージのレベルでデータ暗号化を実現するソリューションを利用する方法などがあります。

　ハッシュ化とは文字や数値をある一定の規則で変換することを指します。パスワード流出事件があると「どうしてこの企業はパスワードを平文で保存していたのか」と指摘されます。今はユーザーのパスワード情報はハッシュ化して保存することが一般的となっています。

# CHAPTER
# 11
## インフラ運用

### ≫≫ 本章の概要

　インフラ運用には、監視、障害検知と対応、キャパシティ最適化、障害予防などといったテーマがあります。ITインフラは無停止で稼働し続けるものですので、24時間365日監視や障害対応を行う環境が必要となります。

# 監視

　ITインフラの稼働状況を把握するためには監視システムが必須です。ここでは監視システムの概要および監視ソリューションの選定ポイントを記します。

## 🔷 監視システムの監視対象

　監視システムが監視する対象はおおよそ下記の5つに分かれます。監視ソリューションはそれぞれカバーする範囲が異なります。1つの監視ソリューションで監視したい対象をすべてカバーさせるという考え方もありますし、複数の監視ソリューションを組み合わせて監視したい対象をすべてカバーさせるという考え方もあります。

**1** 死活監視：監視対象に定期的にpingを送信して応答が返ってくるか監視する。

**2** サービス監視：監視対象に定期的にHTTPSなどサービスを提供しているプロトコルに送信して応答が返ってくるか監視する。

**3** リソース監視：CPU、メモリ、ディスクなどのリソース利用率を監視する。

**4** プロセス監視：OS上のプロセスが正常に稼働しているかを監視する。データベースなど特に重要なアプリケーションが対象となる。

**5** ログ監視：OSや各種アプリケーションのログ上の特定キーワードを監視する。

## 🔷 オープンソースかSaaSか

　監視ソリューションには、監視システムの自社運用を前提としてオープンソースを利用するか、もしくは自社で監視システムを運用せずSaaSサービスを利用するかを選ぶことができます。

### ◆ オープンソースを利用する場合

　自社でサーバーを用意して、その上にオープンソースの監視ソリューションをインストールして使う方法です。自社で監視システム自体も管理対象としたい場合や、自社で監視システムを運用したほうがトータルコストが安く済むなどといった場合に最適な選択です。

　ただし、監視システムの運用は手間とコストがかかるので、ある程度、多数の監視対象ホストがある環境でないと自社で監視システムを運用するのは割高になる場合が多いです。

#### ◆ SaaSサービスを利用する場合

手間のかかる監視システムの運用を自社で行わなわずSaaSサービスを利用する方法です。監視対象がある程度小規模である場合や、監視システムを自前で管理したくないといった場合に最適な選択です。

ただし、特定SaaSサービスに依存することは、コストや利用機能の決定権をそのSaaSに握られてしまうという点に注意が必要です。たとえば、値上げなどが起きてもすぐに他環境に移行するのは簡単ではありません。また、利用しているSaaSサービス自体に障害が起きた場合、復旧までITインフラの監視ができなくなるというリスクもあります。

### 商用サポートの要否

オープンソースを利用する場合は、監視システムに何かトラブルが発生したときは原則自社ですべて対応する必要がありますが、主要オープンソースでは大抵、商用サポートが用意されているのでそれに契約することも可能です。

一方、SaaSサービスを利用する場合は、SaaS利用料の中に商用サポート相当のサービスがあらかじめ含まれています。

### プル型かプッシュ型か

リソース監視、プロセス監視、ログ監視のような監視対象ホストを対象とした監視ソリューションは主にプル型とプッシュ型に分かれます。プル型とプッシュ型のどちらが優れているということはなく一長一短があります。

#### ◆ プル型

監視サーバーが定期的に監視対象となるホストに問い合わせることで、リソース使用状況などのメトリクス（指標）情報やイベント発生などの情報を収集します。

プル型では全監視対象の監視設定が監視サーバー側に置かれます。

（各ホストから見て）外部ネットワークにある監視サーバーから各ホストに定期的に問い合わせる形のため、各ホストが置かれているネットワークで監視サーバーからのリクエストのみを許可するよう、ファイアウォールなどのセキュリティ設定を厳密に行う必要があります。

#### ◆ プッシュ型

　監視対象となるホスト上にエージェントソフトをインストールすることで、何かイベントが発生する度にホスト側から監視サーバーに向かってアラート情報が発信されます。

　プッシュ型では各ホスト側に監視設定が置かれます。

　内部ネットワーク内にあるホストから定期的に監視サーバーにアラート情報を発信する形のため、プル型と比較してファイアウォールなどセキュリティ設定が不要もしくは簡易で済むというメリットがあります。

### ● よく使われている監視ソリューション

　監視ソリューションにはオープンソースやSaaSが存在します。ここでは日本でよく使われているものをいくつか紹介します。

#### ◆ Nagios(ナギオス)

　Nagiosは、1996年からEthan Galstadを中心として開発されたオープンソースです。歴史が長く、世界中にに多くのユーザーがいます。

　Nagiosは他の監視ソリューションと比べて、次の特徴があります。

- オープンソースで無料で使用できる
- Web設定画面がなく、設定をテキストファイルとして保存する
- 障害が発生したかどうかの履歴をデータベースではなくてテキストファイルに保存する
- 監視設定はプラグインで追加できる。プラグインは自作もでき、専用のコミュニティにも多数、公開されている
- メトリクス(指標)データを保持しないので、過去のデータを時系列グラフでみたい場合は別途Grafanaなどを利用する必要がある
- プル型/プッシュ型

●Nagios

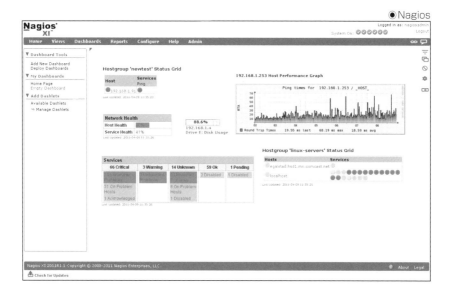

◆ Zabbix（ザビックス）

　Zabbixは、ラトビア共和国のZabbix LLC社が開発を行っているオープンソースです。2001年にZabbixが初めてリリースされ、2005年に専門的な技術サポートサービスを提供するためにZabbix社が設立されました。日本にもZabbix Japan LLC社があり、商用サポートを行っています。

　Zabbixは、商用製品を含めた他の監視システムにはない高度な監視、アラート、可視化機能を有しています。下記にZabbixの機能の一部を紹介します。

- オープンソースで無料で使用できる
- サーバーおよびネットワークデバイスのオートディスカバリ
- ローレベルディスカバリ
- 中央のWeb管理インターフェイスからの分散監視
- ポーリングとトラッピングのサポート
- サーバーソフトウェアはLinux、Solaris、HP-UX、AIX、FreeBSD、OpenBSD、OS Xに対応
- ハイハイパフォーマンスな専用エージェント（Windows/Linux/各種UNIXに対応）
- エージェントレス監視にも対応
- セキュリティで保護されたユーザー認証

11
インフラ運用

179

- 柔軟なユーザーパーミッション管理
- Webインターフェイス
- 事前定義されたイベントをメールベースの柔軟なアラート機能で通知
- 監視対象リソースのハイレベル(ビジネス向け)な表示機能
- 監査ログ
- プル型/プッシュ型

● Zabbix

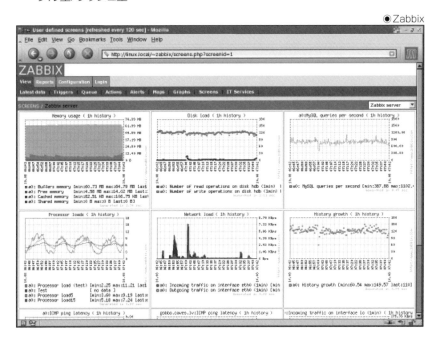

### ◆ Prometheus(プロメテウス)

Prometheusは、2012年にドイツのSoundCloud社によって開発された
オープンソースのシステム監視およびアラートツールです。監視対象にHTTP
リクエストを送信しながらデータを収集するプル型監視ソリューションです。

Prometheusは他の監視ソリューションと比べて、次の特徴があります。

- オープンソースで無料で使用できる
- 時系列データの収集、保存、可視化を目的として設計されている
- 多様なソースからメトリクス(指標)データを収集する(HTTP、HTTPS、DNS、
  Docker、Kubernetes、サービスディスカバリなど)
- 時系列データの保存のために、Tsdbと呼ばれるストレージを使用する

- 時系列データの可視化のために、別途オープンソースのGrafanaを併用することが多い
- プル型

## ◆ New Relic(ニューレリック)

New Relicは、米国のNew Relic社によるSaaSサービスです。
New Relicの特徴は次のとおりです。

- 従量課金制のSaaSサービス
- 幅広い監視機能を提供し、より多くのアプリケーションをサポートしている
- アプリケーションのパフォーマンス、可用性、およびセキュリティを監視するための機能を提供している
- Webアプリケーション、モバイルアプリケーション、サーバー、インフラストラクチャなど、幅広いアプリケーションをサポートしている
- 使いやすく、多くの統合機能を提供している
- プッシュ型

● New Relic

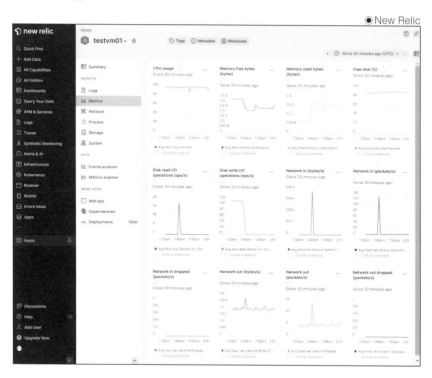

## ◆Datadog(データドッグ)

Datadogは、Datadog社によるSaaSサービスです。

Datadogの特徴は次のとおりです。

- 従量課金制のSaaSサービス
- アプリケーションパフォーマンス監視に加えて、サーバー監視、ログ管理、トレース分析、セキュリティモニタリング、クラウド統合など、多数の機能を提供している
- より使いやすく、より多くの統合機能を提供している。
- インフラストラクチャとログ管理に焦点を当てており、トレーシングの機能も備えている
- プッシュ型

●Datadog

182

# 障害対応

　ハードウェアは必ずいつか壊れるという考えのもとで極力、サービスを止めないような方向で進化しています。たとえば、サービスを稼働させたままで冗長化されたパーツのうち壊れたパーツを交換できるようなホットスワップと呼ばれる仕組みや、異常を検知すると自動的に補正されるというメモリのECCのような機能は、ハードウェアの可用性を向上させる仕組みの一例です。それ以外にもハイエンドサーバーではベンダーがリアルタイムに監視していて、アラートを検知すると自動的にベンダー保守部隊が駆けつけて修理してくれるようなサービスなども提供されています。

　また、ソフトウェアは人間が作るものなのでどうしてもバグが混在します。本番環境に適用される前に、充分にテストされますが、どうしてもテストしきれないような挙動や、もしくは悪意のあるアクセスのせいでシステムに異常が発生する場合があります。インフラエンジニアの立場からは、明らかにシステムが停止しているなど、目に見えるシステム障害の場合は検知が可能ですが、バグによって引き起こされた些細な不具合については検知できない場合が多く、ユーザーからの問い合わせや開発者自身が仕掛けた自作の監視システムによって不具合が検知される場合がほとんどです。

　インフラエンジニアにとっては、監視ソリューションは障害検知のために特に重要なツールとなります。障害を素早く確実に検知するためには監視ソリューションの存在なしには実現不可能です。監視ソリューションを慎重に選定し、すべての保有機器で起こり得るあらゆる障害パターンがいずれも確実に検知されるよう厳密に設定していくようにしましょう。

# ボトルネックを解消する

ITシステムでは一般的にボトルネックが1カ所あるだけでシステム全体のレスポンス(応答速度)に悪影響を与えます。システムのボトルネックをなくしていく過程で重要なことは、局所的な問題にとらわれず、システム全体の観点からボトルネックを検討していくことです。

部分的な問題を解消したとしても、他にボトルネックとなっている部分があれば、システム全体のレスポンス遅延は改善しません。たとえば、Webサーバーの台数が足りない問題とデータベースサーバーのメモリが足りない問題が同時に起こっていた場合、いくらデータベースサーバーのメモリを増やしてもWebサーバーの台数不足が解消されない限り、システム全体のレスポンスは解消しません。

特にアクセス数が急増しているITシステムの場合、ボトルネック対策は特に計画的に行う必要があります。アクセス数が急増しているITシステムでは何も対策を行わないと、ほぼすべてのハードウェアリソースが同時に枯渇するような状況となります。一度、そのような状況になってしまうと場当たり的な対策はほぼ不可能で、長期間システムをすべて止めて全体的にシステム拡張を行ってからサービスを再開しなければならないような状況となります。そうならないためにも今後はアクセス数が急増しそうだと判断したらシステム拡張を段階的に行う計画を立てながら、その裏で継続的にボトルネック対策も併せて続けていくことが必要となります。

システムのボトルネックが起こりやすい部分は多岐に渡ります。よくあるものは、次のようになります。

- コアスイッチのキャパシティ
- L2スイッチのキャパシティ
- Webサーバーのメモリ不足
- データベースサーバーのCPUやメモリ不足
- データベースサーバーのディスクI/O

11

インフラ運用

●システムのボトルネックが起こりやすい部分

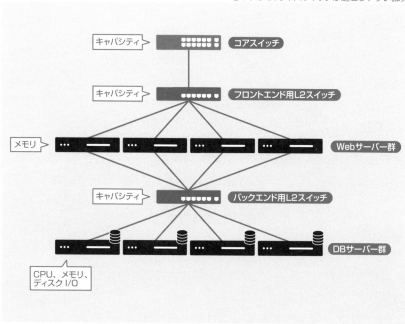

## ネットワーク機器のボトルネックを解消する

よく起こり得るネットワーク機器のボトルネックの調べ方と解消方法を記します。

### ◆各ポートの物理インターフェイスの速度にトラフィックが収まっているか
【調べ方】

1Gbpsのインターフェイスであれば、実際のIN/OUTトラフィックがそれぞれ1Gbps未満に収まっているか。

【対策】

サーバーを分散してトラフィックを分散するか、インターフェイスをより高速なものに置き換えます（1Gbps→10Gbpsなど）。

### ◆ ネットワーク機器の転送能力に限界はないか

【調べ方】

　パケットドロップが発生していないか。転送能力不足を示すようなログが残っていないか。

【対策】

　ネットワーク機器を上位機種に入れ替えや、キャッシュメモリ追加などが可能であれば実施します。

## ● サーバー機器のボトルネックを解消する

　次に、よく起こり得るサーバー機器の調べ方と解消方法を記します。

### ◆ フロントエンドサーバーのレスポンスが低下していないか

【調べ方】

　各サーバーのレスポンスタイムを定期的に取得し、極端な低下がないか。もしくはユーザーサポートにレスポンス関連の問い合わせがないか。

【対策】

　まずはフロントエンドサーバーの問題か、それともデータベースなどバックエンドサーバーの問題かを特定します。

　バックエンドサーバーでは、CPU、メモリ、ネットワーク、ディスクI/Oのリアルタイム利用状況を見て、いずれかのハードウェアリソースが異常に多く使われていればバックエンドサーバーの問題である疑いが出ます。そうでなければフロントエンドサーバーの問題を疑い、同じくCPU、メモリ、ネットワーク、ディスクI/Oのリアルタイム利用状況を見て、いずれかのハードウェアリソースが異常に多く使われていればフロントエンドサーバーの問題である疑いが出ます。

　ハードウェアリソースを多く使っているサーバーを特定したら、次は原因を分析します。ハードウェアリソースが本当に足りないのか、アプリケーション側の問題なのか、それともハードウェアの故障なのかを判断します。ハードウェアリソースが足りない場合は、次の手段でハードウェアを増強することとなります。

● CPU

　CPUのソケット数（物理個数）、もしくはコア数を増やします。CPU数自体を増やせない場合は、高速なCPUに入れ替えるか、マシン自体を上位機種に入れ替えるか、もしくはサーバー台数を増やして負荷分散を行います。

● メモリ

メモリの搭載容量を増やします。

● ネットワーク

複数のネットワークインターフェイスを束ねてネットワーク帯域を増やします。ただし、ネットワークインターフェイスを限界まで使うような用途のサーバーの場合はネットワークだけでなく、他のハードウェアリソースもそれなりに使われているはずです。そのような場合は、サーバー台数を増やして負荷分散した方がよい場合があります。

● ディスクI/O

より高速なストレージを導入するか、ハードディスクをSSDやエンタープライズフラッシュメモリストレージなどの高速ディスクに入れ替える方法があります。

それでもディスクI/O負荷が高い場合はハードウェア的な対応が困難となるので、複数のサーバーに負荷が分散されるようにプログラムを修正するなど、根本的な対処が必要となります。

COLUMN

## ディスクI/O値が高い場合に疑うべきこと

ディスクI/O値が高いからディスクがボトルネックだと決めつける前に、一度、ハードウェアの故障の可能性も疑ってみてください。よくある事例としては、ハードディスクに不良セクタがあって、それを回避するために通常よりディスクのパフォーマンスが落ちていることがあります。ハードディスクが1本死亡してホットスペアディスクが活性化され、RAID再構成のために一時的にディスクI/O負荷が上がっているというようなことも起こります。もしくはRAIDコントローラーが故障して通常時とは違った処理が走っているなどといったこともあります。

11
インフラ運用

# ITインフラ運用管理代行業者の利用

　自社で24時間365日対応する体制を社内で作ることが難しい場合や、そもそもインフラ運営をできる要員を確保していないといった場合には、ITインフラの運用管理を代行してくれる業者を利用することもできます。

　ITインフラ運用管理代行業者は次のようにさまざまな呼ばれ方をしますが、いずれも提供されるサービスには大きな違いはありません。

- MSP(Managed Service Provider)
- システム運用代行会社
- システム保守会社
- システム管理会社
- ITインフラ管理会社
- ITインフラ保守会社
- ITインフラ管理サービス
- ITインフラ保守サービス

## 🔷 ITインフラ運用管理代行業者の選び方

　ITインフラ運用管理代行業者を選ぶポイントは、次の通りです。

### ◆ 企業としての信頼性

　重要なサーバーの運用を委託する際、信頼できない企業を選ぶことはビジネス上、危険です。単に価格だけを見るのではなく、コンプライアンス面はもちろんのこと、財務状況なども充分に確認しましょう。

### ◆ コミュニケーション力

　インフラの運用管理を自社で行えない場合、契約する業者にインフラ運営のすべてを委ねることになります。しかし、業者のエンジニアとのコミュニケーションがうまくいかないようであれば、自社のインフラを本当に適切に管理してもらえるのか不安です。契約前に実際に担当してもらうことになる業者の技術リーダーの方と一度、話をしてみましょう。

◆ 柔軟性

要望を伝えて柔軟に提案してくれるか確認しましょう。

◆ 技術力

IT技術を専門に扱う業者なので、技術力がない業者を選定するのは危険です。

◆ 費用対効果

インフラ運用管理代行業者の場合、最も安ければよいというわけではありません。相見積もりを取り、各々の業者の見積もりの価格差がどこにあるのか確認してみましょう。極端な例ですが、自社できちんと技術者を育てている業者と、海外の安いエンジニアに業務を丸投げしている業者とではそれなりに価格差があるのは当然です。

### ITインフラ運用管理代行業者利用のコスト

ITインフラ運用管理代行業者に見積もりを取ってみると、ひょっとしたら想像よりも高い金額が出てくるかもしれません。一般的にインフラ構築の費用については理解が得られやすいですが、インフラ運用費用については想定すらしていなかったという場合が多いようで、実際に見積もりを取ってみて想像より高かったと思われる場面が多いようです。

そこでITインフラを24時間365日管理する人材を自前で確保することを考えてみます。まず、1週間は24時間×7日なので、168時間となります。この時間に常時2名を置くとした場合、1人1週間40時間労働と仮定すると最低でも10名程度必要となります。これらの人材を雇うのに仮に年間1人400万円かかるとすると4000万円が必要になります。このコストと業者の見積もりとを比較すると、おそらく安く感じられるようになるかもしれません。

運用は、場合によってはインフラ構築費用よりもコストがかかると認識すべきです。運用の際に必要な人件費には時間に比例する人件費の他、教育費用、福利厚生費、有給休暇など、さまざまなコストがかかってきます。社員を雇ってこれらのコストを自前で負担すべきか、それとも業者に外注費用として支払うだけで済ますかは、ITインフラ運営において重要な意思決定となります。

11
インフラ運用

# ファームウェア

　ハードウェアを制御するファームウェアについて考えてみます。ファームウェアはハードウェアを制御するプログラムのことで、部品の品質と同じくらいファームウェアの品質がハードウェアの性能や安定性を大きく左右します。

　ファームウェアはさまざまなハードウェアや部品で使われています。

- サーバー本体（BIOS）
- RAIDボード・HBAボード
- ハードディスク/SSD
- ネットワーク機器本体
- ストレージ本体

## ● ファームウェアのバージョンとレベル

　ハードウェアを購入する場合、製造時点で最も新しいファームウェアのバージョンが適用されたものが納品されます。

　その後、ハードウェアを使っているうちに次々と新しいファームウェアがリリースされます。最新ファームウェアがリリースされる際、通常は「推奨（Recommended）」「必要（Required）」「必須（Critical）」といったファームウェアのレベルも併記されます。インフラエンジニアはこのレベルも参考にしながら適時、最新ファームウェアにアップデートすべきか判断することになります。

## ● ファームウェアのアップデートの要否を判断する

　常に最新ファームウェアを適用するのが安心と考えるインフラエンジニアと、日々安定してハードウェアが動いているのであればよほど重大なバグフィックスが含まれていない限りは極力、ファームウェアをアップデートすべきではないと考えるインフラエンジニアが存在します。

　常に最新ファームウェアを適用するのが安心と考えるインフラエンジニア

は、最新ファームウェアには既知のバグフィックスがすべて適用されているので最新ファームウェアを適用していった方が安全だと考えます。それに対してあまりファームウェアのアップデートを好まないインフラエンジニアは、最新ファームウェアには新たなバグが含まれている可能性があるのでむしろ危ないと考えます。いずれの主張も筋が通っているのでどちらの考えを支持するか各々で考えてみるとよいでしょう。

どうしても判断が付かない場合、「必須（Critical）」レベルのファームウェアは必ず適用し、「必要（Required）」レベルのファームウェアについては内容をよく見て適時、判断するという運用が現実的かと思います。

## 📦 ファームウェアのアップデート方法

ファームウェアのアップデート方法はハードウェアによって異なりますが、おおよそ3つの方法があります。

- 稼働中のOS上で実行ファイルを走らせて適用する方法（リブート不要）
- 稼働中のOS上で実行ファイルを走らせて適用する方法（リブート必要）
- システム停止後、USBメモリやDVD-ROMなどを使ってアップデートする方法

本稼働しているシステムにファームウェアを適用する作業は容易ではありません。1のようにシステムを止めずにファームウェアをアップデートできる方法であれば適用は容易ですが、通常は2や3のようにファームウェアをアップデートする際はシステムの停止が伴います。よって、ファームウェアをアップデートする際は定期メンテナンスなどの時間を使って効率よく実施していく必要があります。

## 📦 最新ファームウェアの情報を収集する

最新ファームウェアの情報は通常、各ベンダーのホームページ上で掲載されています。ただし、ベンダーや製品によっては保守契約を結んでいないと情報すら入手できない場合もあります。

ベンダーによっては、「必須（Critical）」レベルのファームウェアがリリースされる際はその情報を顧客全体に知らせてくれるベンダーもあるので、一度、ベンダーに確認してみるとよいでしょう。

**11**

インフラ運用

## COLUMN
### 大規模サイトの実運用中にファームウェアのバグが発覚する場合が多い

　ハードウェアベンダーは最新ファームウェアを徹底的にテストしてから製品に組み込んでいるはずですが、それでもファームウェアのバグが顕在化してしまいます。

　特に大規模サイトではハードウェアベンダーのテスト環境とは桁違いのアクセス量をさばくことになるので、ハードウェアベンダーのテスト環境では顕在化しなかった不具合がたまに見つかります。大規模サイトで何か障害が起こるとハードウェアベンダーが原因を分析し、ファームウェアのバグだと判明するような事象がよく発生します。

　このような事象を繰り返し見てきて思うのは、ハードウェアキャパシティの限界に近付けば近付くほどファームウェアのバグが顕在化されることが多いのではないかということです。たとえば、1Gbpsのインターフェイスを複数ポート持つネットワーク機器で、実運用環境で各ポートに1Gbps近いトラフィックが流れた際、パケットロスが増える、負荷分散されなくなる、特定ポートが突然、無効になるなどといった事例が起こることがあります。また、冗長化されているハードウェアに故障が発生した際、設計の通りだと直ちに自動的に待機系に切り替わるはずが、数分間切り替わらなかったといった事例が起こることがあります。

　このように、大規模サイトは他社事例がない規模で運用していることで、他社に先駆けて人柱として実機でテスターをやっているような状態ともいえます。もちろん、どの大規模サイトでも本番投入前には念入りにテストをしてから実環境に投入しているはずですが、テスト段階で本番環境並のアクセス数やアクセスパターンを再現するのはまず不可能なので、ある意味、運任せで祈りながら本番環境に投入せざるを得ない場合がどうしてもあります。

# ハードウェアの保守

　ハードウェアを購入する際、保守は重要な選定ポイントです。

　ITインフラは複数のハードウェア部品で構成されています。機械なのでたまに故障することがありますが、保守に入ることで、修理対応や情報提供などのサポートを受けられます。

　保守にはセンドバック保守とオンサイト保守があります。センドバック保守では故障したハードウェアをハードウェアベンダーに送付することで修理サービスを受けます。それに対してオンライン保守ではハードウェアベンダーの修理担当者がハードウェアが設置されている場所に直接出向いてその場で修理を行います。

　保守期限をハードウェア購入時に1年から3年程度の期間で選択できる場合が多いです。また保守期限が過ぎても5年目くらいまでは保守延長に応じてもらえるハードウェアベンダーが多いです。ただし5年を過ぎたあたりから保守延長を断られることが増えてきます。これはおそらく統計的に5年を超えるとハードウェアの故障率が大幅に上がるからと推測します。

　保守切れ間近になると、サーバーを新しいものに入れ替えるか他のサーバーに統合するかといった選択を迫られるようになります。もしくは利用頻度の高くないシステムであれば、この機会にシステム自体を廃止するという選択をする場合もあります。

　ところで、ハードウェアベンダーによっては上位レベルの保守サービスが用意されています。たとえば、システムに何らかの原因で不具合が起きたときに、ハードウェアの故障はもちろんのこと、OSやアプリケーションレベルにまで踏み込んで調査を行い、不具合解消を行ってもらえるようなサービスも存在します。

**11**

インフラ運用

# CHAPTER
# 12
# 大規模インフラ

　大規模インフラを管理するためには綿密なシミュレーションに基づいた事前準備と体制作りが必要となります。

　大規模インフラを管理する上で誤解してはならないのは、大規模インフラの管理を小中規模のインフラ管理の延長上にとらえてはいけないということです。大規模インフラは、人的リソース、データセンタースペース、サーバー・ネットワーク機器、ネットワーク帯域などといったあらゆるリソースが同時に不足していく中で、優先順位を付けて矢継ぎ早に対策を打っていく世界となります。中規模以下のインフラであれば場当たり的な対応でも充分に間に合うことが多いですが、大規模サイトの場合は綿密に計画を立てた上で効率を追求していかないと増え続ける機器の管理と障害件数によって運用が破綻します。

　大規模インフラというのは単純にサーバーが増えるというだけでなく、運用方法自体がまるで異なります。いわば、機器1台1台を管理するというよりは、全体をサマリーで眺めながら系統立てて管理するという運用方法になります。

# 大規模インフラの管理

　大規模インフラを管理するインフラエンジニアは、資産管理、サーバーの物理的な設置、OSのインストール、監視、もしくは故障対応などといったさまざまな業務を限られた人数で回すために、管理体系を系統立てて組み立てることが重要なテーマとなってきます。技術的な対応も重要ですが、それ以上に各種企画、商談、および、オペレーターへの作業指示などが仕事の中心となっていきます。

　大規模インフラを管理するインフラエンジニアの醍醐味として、他社事例のほとんどない規模感のインフラを、各種ベンダーと一緒に模索しながら切り開いていくことになります。インフラが大規模になると購買量も桁違いとなるのでベンダー側も自社向けに積極的な提案や検証を一緒に行ってくれるようになります。

## 🧊 システム構成を決めるポイント

　システム構成を決める大きなポイントは、次の通りです。

### ◆ ベンダーサポートの必要性

　ベンダーサポートが不要であれば保守費用が不要なものを用い、ベンダーサポートが必要であれば保守サービスがあるものを用いて構成します。たとえば、WebサーバーはUbuntuやAlmaLinuxなどのオープンソースで構築し、データベースサーバーはWindowsやRed Hat Enterprise Linux+Oracle Databaseで構築するといったような組み合わせはよく見られます。

### ◆ 使用言語

　Java、Python、Go言語、PHP、.NET、Rubyなど、使用言語によってシステム構成が変わってきます。

### ◆ アクセス量

　大規模であれば想定される予想される負荷を算定し、ハードウェアリソースを充分に確保し、かつ適切に負荷分散することが必要となります。

## ◆ 可用性

どの程度、サービスを止めてはいけないかを示す言葉として可用性という言葉があります。

可用性を高めるために、スケールアウト構成では安いサーバーを複数台、用意して冗長構成を取ります。一方、スケールアップ構成では高いが壊れにくくサポートが充実しているエンタープライズサーバーなどを用います。

## 外部業者の利用

大規模インフラ運営では、限られた社員数で業務を回すために、外部業者を積極的に使いこなすことが必要となります。

外部業者を活用する場面は、たとえば、次のようなものがあります。

- 納品機器の開梱とラックへのマウント
- 配線
- 機器のセットアップ
- 障害対応サポート（OSやミドルウェアなどのプレミアムサポート契約）
- サーバールームの清掃
- インフラ運営システムの開発
- ハードウェア故障時の自動対応

**COLUMN**

## Windows vs. Linux

SI企業に圧倒的な支持を受けるWindowsに対してWeb企業に圧倒的な支持を受けるLinuxの違いは何でしょうか。

たとえば、Windowsは商用OSとしてのサポートが充実していることや、.NET Framework基盤による業務アプリケーションの作りやすさから、短納期で高機能なシステムを構築することができます。

それに対してLinuxはオープンソースであるため、有償サポートが必要でなければ無料で使えます。無料で使えるOSにはFreeBSDなどもありますが、知名度と普及率からLinuxが圧倒的に支持されています。

12

大規模インフラ

# CDN

　大規模サイトでは、画像や実行ファイルなどの静的コンテンツの配信にCDN（Contents Delivery Network）を使います。

　CDNは、サービス提供会社のサーバーに変わってCDNベンダーが提供したキャッシュサーバーにアクセスしてユーザーが静的コンテンツを取得する仕組みです。ユーザーとしては自分の端末から最も近いキャッシュサーバーにアクセスすることで高速にコンテンツを取得できるメリットがあります。また、自社としてはいくらアクセスが増えてもオリジンサーバーの台数やネットワーク帯域を増やさずに済むというメリットがあります。

●CDNの仕組み（その1）

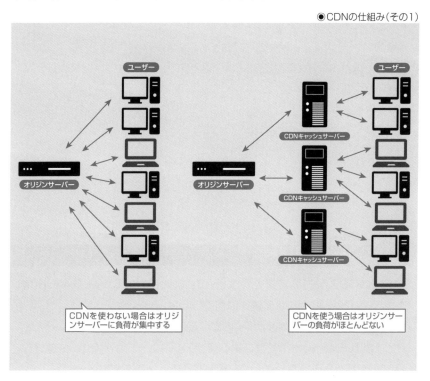

● CDNの仕組み（その2）

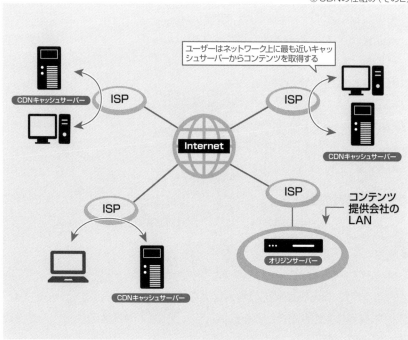

ユーザーはネットワーク上に最も近いキャッシュサーバーからコンテンツを取得する

01
02
03
04
05
06
07
08
09
10
11

**12**
大規模インフラ
13

　また、CDNを用いることで外部からの不正アクセスや攻撃を軽減する効果も期待できます。

　攻撃者の視点で見ると、CDNを使わない場合はネットワーク上でオリジンサーバーがどこにあるのか特定しやすいのに対して、CDNを使う場合はネットワーク上ではCDNキャッシュサーバーのみを見せてオリジンサーバーの存在を隠蔽するため、攻撃者が直接、オリジンサーバーに攻撃を仕掛けることが難しくなります。

　加えて、DDoS攻撃と呼ばれる複数のコンピューターから一斉に大量のリクエストを投げることで通信容量を溢れさせ、事実上、サービス停止を起こさせる攻撃に対しては、CDNを使っていない場合はDDoS攻撃が終わるまで祈りながら早く終わるように待つしかありませんが、CDNを使うとDDoS攻撃先が特定のCDNキャッシュサーバー配下だけに収まるか、もしくはCDN業者の努力によってDDoS攻撃のパターンに合わせて動的に通信先を変え、ユーザーからのリクエストがDDoS攻撃を受けていない他のCDNキャッシュサーバーに振り分けられるように対処することでDDoS攻撃の影響を最小化させるようなことも行われます。

CDNを提供している代表的な業者やサービスは次の通りです。

- Akamai Technologies
- Limelight Networks
- CDNetworks
- EdgeCast Networks
- CDN77
- Amazon Web Services CloudFront
- Azure Content Delivery Network
- Cloud CDN

## CDN業者の選び方

CDN業者を選定する場合は、次のことを検討するとよいでしょう。

### ◆ 品質

サービスダウンがないか、応答速度が充分かを確認するとよいでしょう。特に応答速度については、CDNサービスを実際が採用されているWebサイトをCDN業者に対して紹介してもらうことで、そのCDN業者のサービス品質を自社で実際に検証することができます。

### ◆ サービスは国内限定か、それとも世界を対象か

サービスが国内対象の場合はどの業者を選定しても大きな問題はありませんが、サービスが世界を対象とする場合、CDN業者によっては、中国の場合だけ例外など、さまざまなオプションが付く場合があります。

### ◆ コスト

CDNのコストを考える場合、CDNを使う場合に想定される通信量と、CDNを使わない場合のインフラ投資・運用費用を比較することになります。

多くのCDN業者では、通信量が増えれば増えるほど単価が安くなっていきます。また、大量のアクセスをさばくために自社でサーバーやネットワークなどの環境を用意することも可能ですが、CDNを用いるとそういった自社でのインフラ投資が必要最小限に抑えられることになります。

SECTION-50

# DSR構成を用いた負荷分散

　DSR（Direct Server Return）構成は、L4スイッチ（ロードバランサー）で用いられる負荷分散手法の1つです。

　一般的なWebサイトで負荷分散を行う際、DSR構成はほとんど採用されませんが、大量のネットワークトラフィックが発生する大規模Webサイトなどでは、DSR構成を用いることは常識となっています。

### 一般的な構成とDSR構成の違い

　一般的な構成ではスイッチとサーバーの間にL4スイッチを挟み込む構成を取ります。それに対してDSR構成では上位スイッチなどに直接、L4スイッチを接続します。

● 一般的な構成とDSR構成の違い

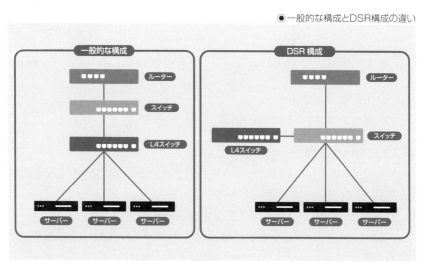

　パケットの流れを見てみます。一般的な構成では、行きのパケットがL4スイッチを通ってサーバーに到達し、帰りのパケットもL4スイッチを通っていきます。

　それに対してDSR構成では、行きのパケットはL4スイッチを通りますが、帰りのパケットはサーバーからL4スイッチを経由せずに帰っていきます。

12 大規模インフラ

201

●戻りパケットの流れ

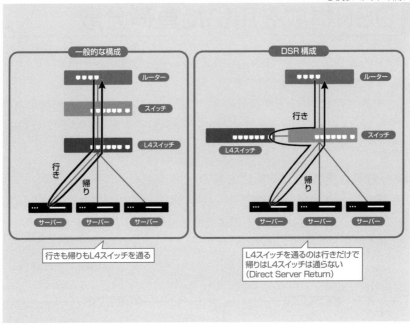

## 🔹 DSR構成のメリット

DSR構成のメリットは3点あります。

### ◆ リクエスト量に対するL4スイッチのキャパシティが増える

通常、Webサーバーではin-boundとout-boundのトラフィックに圧倒的な差があります。通常、Webサーバーはリクエストとなるトラフィック量に対して数倍から数十倍のトラフィック量のレスポンスを返します。

一般的な構成の場合、L4スイッチが上りも下りもトラフィックを処理します。たとえば、in-boundが200Mbpsでout-boundが1200Mbpsだとしましょう。L4スイッチが1Gbpsのポートを持っていた場合、in-bound側はまだ800Mbpsも余裕があるのに、out-bound側の200Mbpsの不足のため、インターフェイスを1Gbpsからアップグレードしなければなりません。

それに対してDSR構成ではin-bound量とout-bound量がほぼイコールになります。out-bound量が大幅に節約できたことにより、リクエスト量に対するL4スイッチのキャパシティが大幅に増えることになります。

◉In-boundとOut-boundのトラフィック量

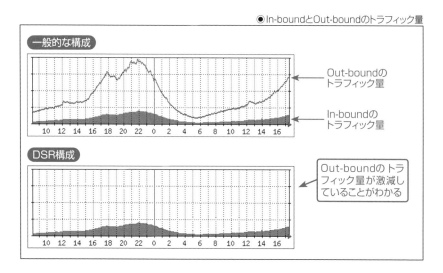

### ◆ ネットワーク構成が比較的自由になる

　一般的な構成ではスイッチとサーバーの間にL4スイッチを挟まなければならないという制約がありました。これはサーバー構成を変更するときやL4スイッチが故障するたびにネットワーク構成まで変更しなければならないことを意味します。

　それに対してDSR構成では、基本的にどのスイッチにL4スイッチを接続しても負荷分散が可能となるため、ネットワークトポロジーをシンプル化し、かつ、故障対応が容易になります。

◉DSR構成のトポロジー

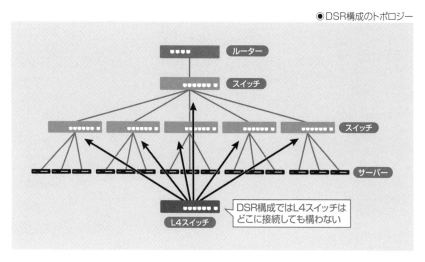

□1 □2 □3 □4 □5 □6 □7 □8 □9 10 11 12 13

大規模インフラ

#### ◆ 使用するポート数は1ポートのみ

　一般的な構成では、L4スイッチにたくさんのスイッチか、もしくはたくさんのサーバーを接続するため、ポート数がたくさん必要になります。ポート数が多いL4スイッチは非常に高価なので、通常はL4スイッチの下にL2スイッチをぶらさげそこにサーバーを取り付ける構成を取ります。

　それに対してDSR構成では上位スイッチに1ポートだけ取り付ければよいので非常に経済的です。

### ● DSR構成が一般的でない理由

　一般的な構成の場合は、L4スイッチの設定変更だけで負荷分散設定が完了します。

　それに対してDSR構成の場合、L4スイッチにDSR設定を行うことに加え、負荷分散を行うすべてのサーバーに対してループバックと呼ばれる仮想ネットワークインターフェイス設定を行っていく必要があります。ループバックにはVIP(Virtual IP)と呼ばれる負荷分散用IPアドレスを記すことになります。

　このようにDSR構成では一般的な構成と比べて設定項目が増えることに加えて、一般的な構成ではないためにDSR構成の設定に不慣れな人が多いという理由が、一般的に使われない大きな理由となります。

# リソース不足対策

大規模インフラでは、さまざまなリソース不足が発生します。

## 人的リソース不足

ここではインフラ全体を管理するコアメンバーと、実作業を遂行するオペレーターに分けて考えます。会社によってはコアメンバーとオペレーターを兼ねる場合もあります。

コアメンバーの採用は一般的に大変、困難です。そもそも大規模インフラ経験者自体あまり多くない上、そのような人材は転職市場にあまり出回らないため、コアメンバーの中途採用には相当の期間かかることを覚悟しなければなりません。ひょっとしたらコアメンバーとなり得る人材を新卒採用し、数年かけて育成する方が早いかもしれません。

一方、オペレーターの採用は、転職市場に候補となり得る良い人材が多く存在しています。サーバーやネットワークの基礎を一通り学んだ人であれば実務経験がなくても比較的短期間で育成が可能です。

## データセンタースペース不足

大規模インフラではラック単位かスペース単位、もしくは部屋単位で契約します。成長著しいWebサイトの場合、ものすごい勢いでラックスペースを食いつぶしていき、データセンター自体の収容可能量を超えてしまう場合がよくあります。そういった場合は他のデータセンターを契約する必要がありますが、そもそもシステム自体、複数のデータセンターにサーバーを分離できないといった場合もあり、そういった場合はすべてのサーバーを新しいデータセンターに移転することも検討する必要があります。

データセンターの契約には通常、数カ月かかります。さらに新たな空間に分電盤、ラック、空調などを新設する場合には半年程度かかる場合もあります。

ただし、無事に新しいデータセンターを確保できたとしても、その後、サーバー移転、オペレーターの再配置、システム的な分離などに相当の負荷がかかることになります。

## 機器不足

短期間で機器増強を行う必要がある場合、在庫があればよいですが、在庫がない場合は購買が必要となります。大規模サイトの場合は大量発注となる場合が多いため、ベンダー側と生産調整が必要となる場合があります。IT機器の場合、多くのケースで海外工場からの輸送となるので、国際情勢により納品が遅れる場合があります。

## ネットワーク帯域不足

仮にアップリンクのインターフェイスが1Gbpsだとして、アップリンク向けの通信量が1Gbpsを超えるようになるとアップリンクのインターフェイスを1Gbpsより大きいものに置き換える必要があります。具体的には10Gbps以上のインターフェイスに置き換えるかもしくは1Gbpsを数本束ねてトランキングさせることで2Gbps以上の帯域を確保します。

ただし、もし自社ルータや上位回線ベンダーのルータがトランキングや10Gbps以上のインターフェイスに対応していなければそれがキャパシティの限界となり、上位回線を変える必要があります。それができなければデータセンター自体を変える必要が生じます。

## 資金不足

成長基調にあるITベンチャー企業は成長期において資金不足に陥り、思うように必要なITインフラ投資を行えないことがあります。これは、厳密にはインフラエンジニアの課題ではなくて企業経営の課題といえますが、ここでは資金不足で思うように必要ITインフラ投資ができない場合の対処方法について考えてみます。

### ◆ 中古品を活用する

中古機器マーケットには良質の機器が安価で出回っていることがあります。

### ◆ チューニングを行う

ハードウェア、ソフトウェアともにチューニング余地があるのであれば、チューニングを行ってITインフラの延命措置を行います。

## ◆ 日ごろ付き合いのある企業に助けを求める

先方が資金的に余裕がある状況であれば、必要な機器や人材を支援してくれる場合があります。

## ◆ 増資を求める

経営陣に増資を求めます。将来性のあるビジネスであれば増資に応じてくれる人や企業が現れるものです。

01

02

03

04

05

06

07

08

09

10

11

**12**

大規模インフラ

13

# CHAPTER
# 13
# インフラエンジニアの
# 成長

## ▶▶▶ 本章の概要

　日々、目の前の仕事をただ淡々とこなしていても思うように成長できません。自分が将来的にどういうインフラエンジニアになりたいという意識と、それに見合った日ごろの努力が夢を実現するために必要となります。

　また、生涯現役インフラエンジニアであり続けることを信じて疑わない人を除けば、ある程度、柔軟性のある人生設計も必要となります。

　本章では、インフラエンジニアが身に付けるべきこと、小規模インフラと大規模インフラの比較、そしてインフラエンジニアの育成について記しました。

# インフラエンジニアが
# 身に付けるべきこと

　ここでは、自ら成長できるインフラエンジニアを目指すために、身に付けておいたほうがよい能力を記します。

## ● ドキュメントを読み込む力を付ける

　インフラエンジニアにとってドキュメントを読み込む力があることは重要な資質です。ハードウェアにしてもソフトウェアにしても、ドキュメントに書いてある通り実行すればきちんとに動くようにできています。

　こう書くと「ドキュメントなんて誰でも読めるのでは?」と思われるかもしれません。しかし、実際にやってみるとこれは簡単なことではありません。日々忙しいインフラエンジニアにとって、新しいハードウェアやソフトウェアを導入する度にドキュメントを読み込むのは大きな負担です。新しい分野の場合は知らない用語がたくさん出てきますし、ドキュメントが外国語で書かれている場合は一通り目を通すだけでも大変な時間がかかります。また、ITの世界はバージョンアップが頻繁で、都度、旧バージョンと最新バージョンとで何が異なっているのか追い続けるだけでも大変な労力を要します。

　最新バージョンは旧バージョンに何かバグがあって作られる場合が多くなります。もし、致命的なバグがあって最新バージョンがリリースされた場合にはインフラエンジニアは最新バージョンに上げることを検討しなければなりませんが、そういったこともドキュメントをきちんと読み込んでこそ判断できます。

## ● カタログを読み込む力を付ける

　インフラエンジニアはさまざまなハードウェアやソフトウェアを組み合わせてシステムを構築します。どんなハードウェアやソフトウェアを使うかはインフラエンジニアの重要な判断となります。

　インフラエンジニアが市販のハードウェアやソフトウェアを選定する際はカタログを読み込むことになりますが、カタログに書いてあることは専門用語のオンパレードで、初めて見た場合は理解できない部分が意外と多いものです。

　カタログを読み込む力というのは、各専門用語の意味を理解するということに加え、各々の機器にどの程度の性能があって自分が担当するサービスにどの機種が最も適切なのか判断できるということになります。

# 技術力の効果的な付け方

　技術力を付けるにはどうしたら良いのか悩んでいる人が多いようです。ここでは効果的な技術力の付け方を考えてみます。

## 技術力は知識と経験の掛け算

　そもそも技術力とは何でしょうか。シンプルに考えると技術力を次のように表すことができます。

### 技術力 ＝ 知識 × 経験

　すなわち技術力を付けるためには、知識量と経験量をバランスよく増やしていくことが重要となります。

　知識量を増やす手段としては、たとえば次のようなものがあります。

- 技術書を読む
- 資格検定試験を受ける
- 学校やスクールに通う

　経験量を増やす手段としては、たとえば次のようなものがあります。

- 仕事を通して経験する
- 何か自分で作ってみる

## スピードが重要

　プロとして活躍するためには日ごろから技術力向上を心掛ける必要があるのは当然のこと、状況によっては期限内に新しい技術を習得しなければならない場面に遭遇することもあります。言い換えると、新しい技術習得にスピードが求められる場面があります。

　これまで、新技術を習得する際にスピードを気にしてきた人はあまりいないかもしれません。しかし限られた時間の中で効率的に新技術を習得するためには、一定期間内で学習しきる要領の良さも必要になります。そのためには、いきなり学習に入るのではなく、まずは学習の全体量を把握してから計画的に学習を進める必要があります。

# 小規模インフラと大規模インフラ

　小規模インフラに関わるのと大規模インフラに関わるのとでは経験できることや身に付けられることが違います。どちらが良い悪いといったものでもないので、自分に合ったインフラ規模の組織に属することで充実した経験が積めることでしょう。

## ❖ 小規模インフラの場合

　小規模インフラの場合、ITインフラ全般を少人数で扱うことになります。企画、設計、商談、構築、そして運用まで一通り経験できることが小さい組織に所属する最大のメリットです。

　また、予算が限られて最大の費用対効果が求められる中、目の届く範囲内にある諸機器に対してOSやハードウェアの限界までチューニングを行うようなことができるのも小規模インフラならではのことかもしれません。

　小規模インフラに関わることで、ITインフラ全般を1から10まで経験することができます。また、技術面で深いところまで関わることができます。

## ❖ 大規模インフラの場合

　大規模インフラの場合、ITインフラを大人数で分担して構築・管理していくことになります。各個人の業務範囲が限定される分、特定分野に対して高度なスキルが必要となります。

　また、大規模インフラの場合は、外部ベンダーや外注業者を最大限活用することによって、少ない社員数で安定的なITインフラ運営を求められることになります。

　小規模インフラ運営と比べて予算がかけられる分、いかなる手段を使ってでもシステムが落ちないことが求められます。小規模インフラに比べて予算面で恵まれている場合が多いですが、その代わりに予算をかけた分の可用性を求められるため、プレッシャーがかかるのは事実です。

　大規模インフラに関わることで、小規模インフラでは扱わないようなハードウェアやソリューションを扱うことができます。また、業者やオペレーターなどに対するディレクションを経験することができます。

# インフラエンジニアを育成する

　若手とベテランでは比べ物にならないパフォーマンスが出ます。この差は一体どこにあるのでしょうか。

　技術者のレベルは知識量と経験量に裏付けられています。誰しも経験があることは再現できます。また、正確な知識がある人は、似た事例を知識と経験から推測して適切な解決策を素早く導くことができます。すなわち、ベテランは知識量と経験量が豊富なので高いパフォーマンスを出すことができます。

　若手をどのように育成すべきかは万人に共通する悩みです。ここでは、若手育成について考えてみます。

## 技術的好奇心が高い人の場合

　技術的探求が好奇心に結びついている人の場合、放っておいても技術力が伸びていきます。このタイプの人には、新しいテーマを次々と与えることで、ぐんぐん技術力が育っていきます。

　しかし、このタイプによく見られる傾向として、自身の成長に対して周りの成長が遅いことに次第に不満を持つようになります。もしそうなった場合、指導者として周りの技術レベルを自身と同レベルに引き上げる役割を担うように促すか、もしくは周りを気にせずにさらなる技術力向上を目指すように促すかのいずれかが効果的です。

## 技術的好奇心が低い人の場合

　技術的好奇心が低い人の場合、技術を仕事のための手段として割り切っているため、あくまでも業務の一環として技術を習得してもらうことが有効です。

　たとえば、さまざまなことを経験してもらった上で、後で体系的な知識として座学や資格試験で体系的な知識を学ばせるという方法で知識量と経験量を増やしていく方法があります。

　また、一般論として、人はよくできるようになると、そのことが好きになります。さまざまなことを経験してもらう過程で最も相性がよさそうな技術を見極め、そこを中心に育てていくとモチベーションの高いエンジニアに育つ可能性が高まります。

## COLUMN
### 若手がWindows Serverをインストールしてみると

若手がWindows Serverを構築するとします。

現代のWindows Serverは家庭用Windowsと異なり、初期状態では
セキュリティレベルが高く設定されているため、そのままではWebブラ
ウザでWebサイトを見ることすら行えません。このことを解消するため
にネット上でいろいろ調べながら対処すること数時間。やっとWebブラウ
ザからWebサイトを見ることができるようになりました。

次にアプリケーションをインストールしようと、他のサーバーの共有
フォルダからファイルを取り出そうとしたらうまくつながらず、また数時
間かけて調査してファイルを取り出すことができました。これだけで1日
が経過してしまったので、改めて翌日、作業を再開することにしました。

翌日。いったん、他のサーバーにも昨日と同じ設定を施すことになりま
した。しかし、同じ作業のはずが、昨日と同じようにいきません。数時間
経ってどうしても自力で解決できずにベテラン社員に聞いてみると一言。
「ネットワーク設定で間違っているところがない?」と。それで確認してみ
ると確かにIPアドレスのネットマスク設定が間違っていました。

## COLUMN
### マネージメントへの転向

生涯エンジニアと意気込んでも周りの環境からそれが許されない場合
があります。ある程度の年齢が来たら技術だけでなくマネージメントもで
きることが求められる場面が否が応でもやってきます。

技術者からマネージメントへの転向は、いわば仕事を振られる側から
振る側に180度立場が変わるということを意味します。人はいきなり変
われないので、30歳を超えたあたりから、「もし自分が仕事を振る立場に
なったらどのように行動すべきか」ということを常に意識しておくとよい
と思います。こういう習慣をつけることで突如の立場変更にもスムーズ
に適用できるようになります。

# おわりに

　本書の執筆依頼をいただいたとき、どのような方向性で筆を進めていくか思案しました。技術書ということでテクノロジーについて淡々と書いていくということも考えましたが、単なる技術解説書であると買っただけで何となく安心してしまい、ほとんど読まれず本棚のこやしになってしまう場面が多い気がしました。

　せっかく買っていただいたからには一度は一通り目を通していただきたいという気持ちがあり、読んでもらうためにはどうしたらよいか考えた結果、著者の体験談をもとにした著者なりの視点を可能な限り目いっぱい詰め込むことがよいだろうと考えました。

　冒頭にも記しましたが、本書では、著者の部署に配属された新入社員にぜひ知っておいてほしいと思う内容を中心に選定しています。著者がこれまで悩みながら解決してきたことを一通り盛り込むことによって著者の部署に配属された新入社員たちはもちろんのこと、本書を買っていただいた読者の皆さんに役立てていただけるのではないかと思っております。何かしらの業務の役に立てていただけましたら著者冥利に尽きます。

　本書の続編として「インフラエンジニアの教科書2 スキルアップに効く技術と知識」が出版されました。続編ではインフラエンジニアの観点でOSやプロトコルの仕組みや各種開発言語の扱い方、RFCの読み方、そして世界規模のインターネットサービス運営などといった、日常業務やOJTの中では身に付けにくいけれどもITエンジニアとして重要な技術や知識を盛り込みました。さらなるスキルアップを目指す方はぜひ続編も読んでみてください。

　最後になりますが、本書を執筆するきっかけをいただいたC&R研究所池田社長、担当編集としてたくさん助言と催促をいただいた吉成さん、普段、仕事の中でいろいろ助けてくれる職場の皆さん、本書の校正を快く引き受けていただいた株式会社X-Tech5 CTOの馬場俊彰さん、株式会社びぎねっと・日本仮想化技術株式会社 代表取締役の宮原徹さん、およびSRA OSS LLCの北山貴広さん、そして何よりも長い執筆期間中に陰で支えてくれた妻と子供に深く感謝したいと思います。

2023年10月

　　　　　　　　　　　　　　　　　　　　　　　　　　　　　佐野裕

# 索引

索引

## ■著者紹介

**佐野　裕**
（さの　ゆたか）

富士通株式会社でSE職を経て、LINE株式会社に創業メンバーとして2000年から20年間、主にインフラエンジニアやプロジェクトマネージャーとして従事。

2020年から株式会社ハートビーツに勤務。現在経営戦略室長および業務基盤グループ長を兼任。

神奈川県出身。慶応義塾大学大学院政策・メディア研究科修了。

K-POP/韓国語/お酒/サイゼリヤワイン好き。

X（旧Twitter）　@sanonosa

●特典がいっぱいのWeb読者アンケートのお知らせ

　C&R研究所ではWeb読者アンケートを実施しています。アンケートにお答えいただいた方の中から、抽選でステキなプレゼントが当たります。詳しくは次のURLのトップページ左下のWeb読者アンケート専用バナーをクリックし、アンケートページをご覧ください。

C&R研究所のホームページ **https://www.c-r.com/**

携帯電話からのご応募は、右のQRコードをご利用ください。

編集担当 ： 吉成明久 / カバーデザイン ： 秋田勘助（オフィス・エドモント）

### 改訂新版 インフラエンジニアの教科書

2023年11月17日　初版発行

| | |
|---|---|
| 著　者 | 佐野裕 |
| 発行者 | 池田武人 |
| 発行所 | 株式会社　シーアンドアール研究所 |
| | 新潟県新潟市北区西名目所 4083-6（〒950-3122） |
| | 電話　025-259-4293　FAX　025-258-2801 |
| 印刷所 | 株式会社　ルナテック |

ISBN978-4-86354-433-8 C3055